国家地理系列

图说天下

畅销经典 王者再现

地球100神秘地带

《图说天下·国家地理系列》编委会 编著

北京联合出版公司

图书在版编目（CIP）数据

地球 100 神秘地带 /《图说天下. 国家地理系列》编委会编著. -北京：
北京联合出版公司，2012.5（2024.4 重印）

（图说天下. 国家地理系列）

ISBN 978-7-5502-0724-0

Ⅰ.①地… Ⅱ.①图… Ⅲ.①自然地理－世界－普及读物 Ⅳ.① P941-49

中国版本图书馆 CIP 数据核字（2012）第 116429 号

地球100神秘地带

NATIONAL GEOGRAPHY COLLECTIONS

北京联合出版公司出版

（北京市西城区德外大街 83 号楼 9 层　100088）

北京天宇万达印刷有限公司印刷　新华书店经销

字数120千字　787×1092毫米　1／16　14印张

2012年6月第1版　2024年4月第12次印刷

ISBN 978-7-5502-0724-0

定价：19.90元

前言

◎夏威夷哈莱阿卡拉
火山口

芸芸世界中，你我不过是渺小的路人，对于那些亘古千年、迷幻万代的事情尽管我们竭尽全力去靠近，却只徘徊在无知门口。爱因斯坦曾说过，人类的一切经验和感受中以神秘感最为美妙，这是一切真正艺术创作及科学发明的灵感与源泉。但是对于伟大的人类而言，无法解释的谜团是否是对人类力量的嘲笑？

经历了一次次磨难的地球留下了无数难解的谜团，我们无法斩钉截铁地说恐龙已消失，我们畏惧于北纬30度的神秘力量，跪首于已逝亡灵的诅咒，逡巡于史前文明的魔力，困惑于天外来客的来访……人类思维的尽头写满了问号，叩问远古，除却深陷泥沼的各种定理、原理，那些遍布各地的神秘地带仿佛有着无数的欲说还休的话语。四大死亡谷、百慕大、死神岛、巨石阵、秦始皇陵……恐怖、神奇、怪异、迷幻、诡谲……100个神秘地带包罗万象，那些熟悉或者陌生的地方，一次次地激荡着探险者的胸怀。

对于神秘地带，近来媒体多有报道，本书在编著过程中多方搜集资料，但笔力所及，不过是尽最大可能还原事件真实，描述地方环境，对于真相，希望能通过阅读激励起您探寻奥秘的勇气，也许您便是奥秘的解开者。

本书所能给予大家的便是尽可能地走近它们，身临其境地体验一次不同寻常的心灵震颤之旅。

目 录

● *The Gates of Hell*

地狱之门

Chapter 01
8

最恐怖的15个生命禁区

百慕大魔鬼三角 / 10
——厄运海

那不勒斯"死亡谷" / 12
——人类的天堂、动物的墓场

加州死亡谷 / 14
——人性的祭场

万烟谷 / 17
——地球上的月面

印度尼西亚"爪哇谷洞" / 20
——死亡的灵幡

俄罗斯堪察加"死亡谷" / 21
——一切生灵的地狱

昆仑山死亡谷 / 22
——爱人心底的一滴眼泪

日本龙三角 / 24
——幽蓝色墓穴

鄱阳湖"魔鬼三角" / 26
——魔鬼与天使

勐梭龙潭 / 28
——佤族神潭

美国"拐孩林" / 29
——天使的残忍

黑竹沟 / 30
——中国的百慕大

卡尼古山"飞机墓地" / 31
——高处不胜寒

尼奥斯"杀人湖" / 32
——血染的灭顶之灾

巴罗莫角 / 33
——死亡的瞬间

● *The Tricky of Earth*

大地玄机

Chapter 02
34 ≫

最具争议的24处地球秘境

阿尔沃兰海域 / 36
——蓝色悲情

特兰西瓦尼亚 / 38
——吸血鬼故乡

纳斯卡巨画 / 41
——答案在空中

撒哈拉岩画 / 44
——史前奇迹

英国威尔特郡怪圈 / 46
——圈起来的秘密

迪安圈 / 47
——神的喻示

神农架 / 48
——幽境探秘

长白山天池 / 50
——怪兽之谜

喀纳斯湖 / 53
——潘多拉宝盒

尼斯湖 / 56
——待揭的神秘面纱

喜马拉雅雪山 / 58
——我不孤单

西诺亚洞"魔潭" / 60
——地心的魅力

巴黎地下墓穴 / 61
——到这里来看死亡

墨西哥"寂静之地" / 62
——无声胜有声

哥斯达黎加大石球 / 63
——"天体"迷云

格拉斯顿伯里突岩 / 64
——西方的乐土岛

卡什库拉克山洞 / 66
——背后的目光

格雷姆岛 / 67
——幽灵般出没

西伯利亚通古斯 / 68
——神秘的爆炸

美国51区 / 70
——X档案

瓦史斯瓦科伊镇 / 72
——树叶中的宿命

圣塔柯斯镇 / 74
——移位的重力

巴图岩洞 / 75
——魔力之源

爱尔兰丹谟洞 / 76
——血腥的宝藏

● *Only One Earth*
绝版地球

Chapter 03
78
最不可思议的15处地质奇观 ●

骷髅海岸 / 80
——地狱一角

雅丹魔鬼城 / 83
——天若有情天亦老

艾尔湖 / 86
——无水盐湖

猛犸洞穴 / 88
——地球深处的秘密

卡尔斯巴德洞窟 / 90
——暗战蝙蝠

艾伯塔恐龙公园 / 92
——神奇身世之谜

哈莱亚卡火山口 / 95
——时间开始的地方

塞布尔岛 / 98
——沉船墓地

特洛伊传奇 / 124
——冤魂的呐喊

巴别塔之谜 / 127
——与上帝的博弈

索多玛与蛾摩拉 / 128
——黑暗之城

古格王城 / 129
——湮没于高原上的文明

楼兰古国 / 132
——西域佳人

特奥蒂瓦坎 / 134
——诸神的"太阳系"

● *Shrine Decoding*
圣迹解码

Chapter 05
136
最神秘的15处文明遗存

吉萨大金字塔 / 138
——伟大文明的遗嘱

奇琴伊察 / 141
——指尖的灵魂

巨石阵 / 144
——历史的困惑

马丘比丘 / 146
——失落的印加之城

克里特岛米诺斯迷宫 / 148
——蓝色迷情

佩特拉古城 / 150
——千年一梦

巴尔别克 / 152
——巨石之谜

土耳其阿波罗神殿 / 154
——一切皆于人

蒂亚瓦纳科 / 156
——太阳门之谜

奥尔梅克遗迹 / 159
——美洲的母亲文化

乐业天坑群 / 100
——时光倒流的地方

巨人之路 / 103
——混沌之初的残片

阿切斯岩拱 / 106
——沧海与桑田的距离

艾尔斯岩 / 108
——孤独的坚守者

土耳其地下城 / 110
——与信仰同在

札达土林 / 113
——天地灵气

元谋土林 / 116
——迷离远古

● *Lost Civilization*
失落文明

Chapter 04
118
最难解密的8个古国传说

亚特兰蒂斯 / 120
——失落的文明

太平洋"姆大陆" / 122
——"消逝"的超前文明

蒂卡尔 / 160
——圣灵的低啸

内姆鲁特·达哥山 / 162
——人神共舞

复活节岛石像 / 164
——不可破译的灵魂

马耳他岛巨石阵 / 167
——古代"计算机"

卡尔纳克石柱群 / 168
——仰天而啸

纽格兰奇巨墓 / 188
——无法揭开的谜底

殷墟妇好墓 / 190
——独留青冢向黄昏

印山越王陵 / 191
——孤山迷墓

● *Archaeological Puzzle*

考古疑云

Chapter 06
170

最传奇的10座谜样古墓·

图坦卡蒙陵墓 / 172
——法老的诅咒

秦始皇陵 / 176
——了却君王身后事

古罗马地下墓穴 / 180
——基督徒的最后归宿

马其顿腓力二世墓 / 181
——20世纪的惊喜

帕伦克的帕卡尔王陵 / 182
——碑铭神庙的神秘

西潘王陵 / 184
——莫切文明的辉煌

摩索拉斯陵墓 / 186
——岁月不留痕

● *Adventure Paradise*

冒险天堂

Chapter 07
192

最具挑战的13处蛮荒奇境·

亚马孙河 / 194
——魅惑妖艳的女妖

非洲热带雨林 / 197
——探寻绿色海洋

马里亚纳海沟 / 200
——海底迷踪

雅鲁藏布大峡谷 / 202
——各领风骚数百年

罗布泊 / 205
——生命禁区

刚果盆地 / 208
——宝石处女地

奥杜威峡谷 / 210
——远古之魅惑

喀喇昆仑山脉 / 212
——丝路飘香

横断山脉 / 214
——永远的世外桃源

犹他州荒原 / 216
——血色西部

可可西里 / 219
——远古的气息

鲁文佐里山脉 / 220
——月亮山的秘密

绒布冰川 / 221
——行走在消逝中

地狱之门

——最恐怖的15个生命禁区

Mystic Zone

百慕大魔鬼三角

厄/运/海

> 百慕大魔鬼三角，风景秀丽但暗藏杀机，飞机的魔洞，海轮的墓地。究竟是谁在作祟，迷雾重重，玄机重重。

心跳瞬间

气候温和、四季如春、花香四溢、蓝天绿水、白鸥飞翔，这就是恐怖而神秘的"百慕大三角海区"，又称"魔鬼三角""厄运海""魔海""海轮的墓地"。数以百计的飞机和船只，在这里神秘地失踪，连一点残骸碎片也找不到。现在，百慕大三角已经成为神秘的、不可理解的各种失踪事件的代名词。

美国一飞行队越过巴哈马群岛上空时，突然电波讯号越来越微弱，直至一片沉寂。14名飞行员以及5架飞机，就在地球上消

❖神秘的百慕大却有着最为平静安逸的风景。

失了。随后由13名机组人员组成的海上搜索机也失踪了。它好像直奔那个可怕的漩涡，连一点声息都没有传回，就悄悄地消失了。难道他们被天空吞噬了吗?美国海军搜索了从百慕大到墨西哥湾每一寸海面，结果一无所获。另有一大型民航班机途经百慕大海域上空时，前一分钟还在发"接近机场，灯光可见，准备降落"的电讯，下一分钟就踪迹全无，机组人员和全部乘客无一生还。消失仿佛是在一瞬间发生的，就像天空破了个大洞，飞机一下子掉进去便无声无息了。

◈在如此宁静的风景下却藏着一颗十分不安定的心。

百慕大三角究竟是一片什么样的海域呢?途经此地的哥伦布这样描述："突然间，狂风骤起，天昏地暗，几十米高的巨浪像墙一样向船队扑来。所有的导航仪器全部失灵……结束竟是戛然而止……"那些无影无踪的人，他们的遭遇无人知晓。法国帆船"洛查理"号、古巴籍货船"鲁比康"号、美国籍油轮"玛林·凯思"号……在百慕大海面都出现了人去船空的奇状。被发现时船上空无一人，货物完整无损，餐桌上摆着美味佳肴，茶杯里还盛着没喝完的咖啡和水，壁上的挂钟正常地走动。船上健在的生物，除了一只饿得半死的金丝鸟，就是一只狗孤独地躺在甲板上。船上所有的人都消失了。到底发生了什么，没人知道。

究竟是谁在这里捣鬼作怪？透明的不明玻璃物体，螺旋桨尾巴的海底生物，水下金字塔，失踪于百慕大三角区的战斗机突袭人类、飞入月球。这种种在百慕大三角海域发生的神秘事情，充满了恐怖诡异。

这么一个神奇而无法解释的角落，这一连串不可思议的事情，究竟是什么在百慕大三角作祟？无人回答，无人知晓。

INFORMATION

🏛 地理位置
大西洋

🗺 神秘指数
★★★★★

那不勒斯"死亡谷"

人/类/的/天/堂、动/物/的/墓/场

> 湖光山色的如画风景背后却弥漫着死亡的气息。千百年来这里是各种动物赖以生存的美好家园，但更是他们无法摆脱的噩梦。

心跳瞬间

INFORMATION

🏛 地理位置
意大利

🗺 神秘指数
★★★★

那不勒斯和瓦维尔诺湖旁边的两处谷地中，原始树木高耸入云、盘根错节。只是鸟语花香、湖光山色的如画风景背后却弥漫着死亡的气息。千百年来这里是各种动物赖以生存的美好家园，但更是他们无法摆脱的噩梦。

清晨，谷中升腾起层层白雾，渺渺中仿若冥界死神即将降临，周遭死一般的寂静令人窒息，没有鸟的鸣叫，没有动物的嬉戏声。偶尔的声响却是动物的惨叫，声音凄厉而惨烈。找不到杀害动物的凶手，只能看到地上的血迹和面目狰狞的动物死尸。

各种动物的尸骸在谷中随处可见，零落的骨头上还有残存的腐肉。很明显它们不是自然死亡、不是自相残杀，也不是集体自杀，更不是人类所为。那它们究竟遭遇了什么？没有人知道，也无从知道。唯有一些冷冰冰的统计数字透露着谷中不祥的味道。据不完全统计，每年被那不勒斯谷无情吞噬的各种动物多达数万只。所有的动物都对那不勒斯山谷退避三舍，可是总有一些动物误闯其中，最终难逃死亡的厄运。有人怀疑是谷中的毒气在作怪，但是怎么检测都找不到毒气的影子，反而测得此处空气新鲜，适宜疗养。

🌸 再美丽的小鸟也难逃这里的死亡追逐。

那不勒斯山谷对待无辜的动物如此残忍，却对人类格外开恩。人类进入山谷不仅安然无恙还可尽享周边美景，呼吸美妙空气，当地人称之为"人类的天堂"。动物的墓地、人类的天堂，同一处谷地为何人畜两重天？意大利方面曾多次组织科学家深入谷地进行周密的调查，结果都无功而返。

而今谷内白骨经年累月已是层层**叠叠**。阳光下，那不勒斯山谷游人如织，而动物的白骨却泛着惨白的光影。

✤人们就这样怡然自得地生活着，外面的世界与他们毫无关系。

加州死亡谷

人/性/的/祭/场

> 这是一处死亡和财富并存的谷地，走入加州死亡谷，贪婪、无知、孤独、畏惧、渺小、退缩，所有人类的弱点都会涌现出来。

心跳瞬间

INFORMATION

🏛 **地理位置**
美国

📺 **神秘指数**
★★★

走入加州死亡谷，贪婪、无知、孤独、畏惧、渺小、退缩，所有人类的弱点都会涌现出来。长达300千米的谷地拥有了可以称为风景之外的一切：无边的沙漠、凄凉的戈壁、惨淡的荒山、干裂的盐碱地。燥热的空气中弥漫着腐烂的味道，这里是北美洲最炽热、最干燥的地区，曾经连续6个星期气温超过49℃，几乎常年没有一滴雨水落下。谷内有一潭无人敢问津的恶水，湛蓝的水面闪烁着迷幻的色彩。夕阳下的阴影在谷内迅速地移动，很快吞噬了一切，包括那不可知的秘密。

这是一处死亡和财富并存的谷地，人类的贪欲和现实在此展现得淋漓尽致。"淘金热"使死亡谷在美国闻名，而死亡更

令它闻名于全世界。死亡谷内黄金灿灿、大量的金银矿散发着诱人的光彩。无数批淘金者前仆后继地期望能在此找到黄金天堂，但那只是死亡谷昙花一现的绚丽。20世纪初，死亡谷内人声鼎沸，酒吧林立，聚集了来自各地的淘金者。极少数幸运者挖得了自己的财富，可以纵情欢乐。但是更多的人丧命于此，因为死亡谷并不喜欢人类。

1849年，一支矿藏勘探队进入谷中寻找山脉深处的金矿，结果几乎全军覆没，连尸体也无处可寻。即使跌跌撞撞逃出来的极少数人，也在几天内莫名地相继死去，至今未查出死亡原因。其后又有数批淘金者在谷中莫名失踪。尽管越来越多的实例证明，死亡谷绝对是一个死无葬身之地，但是总有疯狂的淘金者不顾死活地在这里做着一日巨富的美梦。只是阴森的谷地风声鹤唳，一批批淘金者的尸骨坠落在地面的裂缝中，风化在猎猎风中。天堂和地狱不过转瞬之间。几年间，金矿枯竭，死亡谷又重归阴森可怕，荒废的房屋更如幢幢鬼影，讲述着昔日的辉煌和生命的惨烈。

死亡谷内干枯的盐碱地就像一位沧桑老人脸上纵横的沟壑，皱巴巴的表面毫无生气。不过细微观察，其实这里也是生

✤毫无生气的加州死亡谷，空气中也弥漫着腐烂的味道。

✤随处可见的动物尸骨给这里蒙上了死亡的阴影。

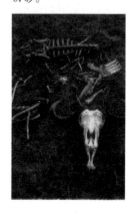

机盎然。不过鲜活的生命中并没有人类的影像。坚硬的岩石上有小白花绽放，茎干的茸毛吸取着仅有的水分；咸咸的恶水中也有鳟鱼在嬉戏；响尾蛇吐着长长的信子，跳跃式地埋伏在不起眼的角落；大角羊更是跑来跑去寻找着水源和食物。

天空的云变换着绚丽的色彩，与神秘莫测的死亡谷形成呼应。

恶劣的环境更凸显了生命力的顽强。据科学家航空侦查，死亡谷内生存着300多种鸟类、2000多头野驴、19种蛇类……这是它们的极乐世界，无人打扰，自成体系，逍遥自在。对它们来说，死亡谷是赖以生存的家园，是生命诞生和自然结束的地方。

死亡谷内人畜生死两重天，着实令人费解。美国方面动用了最先进的仪器设备进行了大量的勘测调查。有的地质学家认为，距今2000万年前，由于地壳运动，死亡谷内形成了一条大断层，经年累月的风沙暂时将它掩盖。而丧生在死亡谷内的人很有可能就是不小心踏上了大断层，最终掉入地壳深处，尸骨无存。有的化学专家则坚称死亡谷内岩层复杂，丰富的卤素矿、硼砂矿中很有可能藏有某种剧毒矿物元素，杀人于无形。两个说法都能够解释死亡谷内人类的失踪和死亡，却无法圆满说明动物在死亡谷内的繁衍生息的现象。死亡谷是一处不寻常的地带，也许上帝将黄金和死亡放在一起，就是为了考验脆弱的人性吧！

严格地说，死亡谷并不是绝对的禁区，毕竟有过短暂的辉煌。而今死亡谷边缘一些怪石嶙峋的地段，已经被开辟为美国著名的自然景区，全世界的摄影爱好者都以能拍下死亡谷黑暗降临一幕为荣。

死亡谷，已经将人类拒之门外。人们只能遥想谷内动物的生存繁衍。加州死亡谷的鸟鸣声中不会有人类的回响。

万烟谷

地/球/上/的/月/面

> 这片面积近145平方千米的灰砾场，犹如蒸汽氤氲的浴场，布满了成千上万个喷气孔，每时每刻喷发出炽热的气体遮天蔽日。蒸汽与烟柱混杂在山谷上空，远远望去，恰似仙境又如地狱，令人向往又心生畏惧。

心跳瞬间

鲜红炽热的烟云腾空而起，喷薄而出的火山灰直插云霄，滚滚熔岩倾盆落下，火山喷发如烟花般绚烂，亦如烟花般寂寞，瞬间的绽放后是荒芜与落寞。但是偏偏有一座火山，却将自己的气势一直延续，这就是位于美国阿拉斯加的卡特迈火山。"万烟谷"便是它的得意之作。

"万烟谷"在卡特迈火山西北方向10多千米处，长不过10千米，宽8千米。在数次火山喷发后，山谷已然成为灰砾谷地，厚厚的火山灰砾铺天盖地，致使谷内寸草不生。这片面积近145平方千米的灰砾场，犹如蒸汽氤氲的浴场，布满了成千上万个喷气孔，每时每刻喷发出炽热的气体遮天蔽日。蒸汽与烟柱混杂在山谷上空，远远望去，恰似仙境又如地狱，令人向往又心生畏惧。这一切都归功于1912年的卡特迈火山喷发。

卡特迈火山在5天之内将约180亿立方米火山灰冲入大气层，并以极快的速度向四周快速推进，高压气流将路上所有阻挡之物全部冲倒，而炽热的火山灰所到之处，生命消逝，植物碳化。曾经绿草茵茵的谷地被厚达200米的火山灰砾覆盖。巨大的力量削平了山尖，形成了一个巨大的火山湖泊，地下水和雨水的交融令湖内水量充足，雾气蒸腾，严

浓烟滚滚是这里最鲜明的特征

冬时节也不会结冰。火山爆炸撕裂了万烟谷的土地，条条狭长的裂缝自然而然成为地下蒸汽喷出的孔道。密密麻麻的喷气孔遍布万烟谷的每一个角落，尤其是山谷上部更为集中。那里的喷气孔紧密相连，延伸长达1000多米。

据估测，谷内每秒钟喷射出的水蒸气200多万千克，形成巨大的蒸汽云漂浮空中。有的气柱直达300米高空，有的气柱蘑菇云般浓厚，有的气柱时有时无，有的气柱黑烟滚滚。阳光打下来，每一道气柱都折射出耀眼的色彩，十分壮观。光影之间，充满了迷离的色彩。即使火山爆发4年以后，当地温度也高达649℃，烟雾依然袅袅不散。万烟谷由此得名。

60年代万烟谷为美国登月成功做出了卓越的贡献。千疮百孔的万烟谷像极了月球表面，美国宇航局就将此处作为训练宇航员的基地，阿姆斯特朗那人类的一小步就是从这里开始的。

一些科学考察队多次进入谷内，试图探寻烟雾笼罩和卡特迈火山再次爆发之间的关联，遗憾的是，每次采集的数据都不相同。万烟谷仿佛时刻变换着自己的模样，每个气孔都是那么不可捉摸。前一秒还热气四射的气孔，下一秒可能就偃旗息鼓，或者干脆没了踪影。本来平整的土地，说不定何时就会成为布满气孔的"蜂窝煤"。万烟谷不可知的地下世界，充满了未知的秘密。人类来到了它的边缘却找不到进去的通道。唯一可以肯定的是，卡特迈火山爆发造就了万烟谷的神奇，那火山平静近百年为什么依然烟雾不断呢？

随着时间推移，万烟谷喷气孔的数量日渐稀少，有了些许生机。一些苔藓藻类出现在了喷气孔周围，麋鹿、驼鹿也会偶尔出现。不过这里依然没有固定的生灵，能将食物瞬间煮熟的温度不适宜动物长期生存。1918年万烟谷被开辟为美国卡特迈国家公园，吸引了众多游人，大家都希望亲眼一睹"月面"的风采。

INFORMATION

🏛 地理位置
美国

🗺 神秘指数
★★★

Chapter 01

＊地狱之门——最恐怖的15个生命禁区＊

🌼万烟谷就像一座与世隔绝的孤岛，被层层烟雾笼罩，在那里没有生命的悸动，走近想着逃离，离开又不禁回想这一奇观。

印度尼西亚"爪哇谷洞"

死/亡/的/灵/幡

> 洞中可怕的力量是什么？进入洞中的生物经历了何种惨剧才会如此面目狰狞？没有人知道。

心跳瞬间

INFORMATION

地理位置
印度尼西亚

神秘指数
★★★★★

死亡的灵幡在上空飘动，生命的哀乐在洞中回荡，堆砌的尸骸破碎凌乱，印度尼西亚"爪哇谷洞"中充斥着腐肉的味道。

走近"爪哇谷洞"，心跳就不由地加快，周身被莫名的恐惧包围。"爪哇谷洞"总共6个大大的山洞，每个都深不可测，洞口呈喇叭状，活脱脱张着一个个旋涡式的血盆大口，吞噬着每一个靠近它的生命。洞中有种可怕的力量，会毫不留情地将周围一切生命吸入洞中，直至它们成为累累白骨。即使距离洞口六七米远，也难逃被一口吞下的厄运。

洞中可怕的力量是什么？进入洞中的生物经历了何种惨剧才会如此面目狰狞？没有人知道。一些无畏的科学家通过种种途径进入洞内，却发誓再也不来此地。感谢那些勇敢的探索者，让我们得以知晓洞中景象，一位勇敢者在笔记中写道："在地球这个弹丸之地，自然界似乎发出了一声声诅咒，凡来这里的人，无不感到惊惧与恐怖，因为这里的一切都死气沉沉，濒临毁灭。人畜的死亡在这里拉开了序幕，扬起了灵幡，只要看一眼这个见不着活人、动物必死的地方，不禁令人毛骨悚然……"

❀ 这里究竟隐藏着什么，是个谁也无法回答的问题。

俄罗斯堪察加"死亡谷"

一/切/生/灵/的/地/狱

> 这就是位于俄罗斯堪察加半岛的'死亡谷',寸草不生的谷间,狼、狗熊、獾以及其他不知名动物的尸体白骨横陈,四处散落,空中飞动着死鸟飘落的羽毛。这里是一切生灵的地狱。

心跳瞬间

嶙峋的地势满目凄凉,深深浅浅的沟壑纵横交错,时而喷发的火山气体弥漫着恐怖的气息,随处可见的灰黄色的硫黄毫无生气,累累白骨透露着生命的绝望,这就是位于俄罗斯堪察加半岛的"死亡谷"。寸草不生的谷间,狼、狗熊、獾以及其他不知名动物的尸体白骨横陈,四处散落,空中飞动着死鸟飘落的羽毛。这里是一切生灵的地狱,所有误入其中的生灵都无法摆脱厄运的降临,即使搏击长空的雄鹰飞过这里也会被死神召唤,当然也包括人类。这条2000米的谷地吞噬的生命不计其数,大小不一的骷髅令人不寒而栗。

一位守林人曾目睹一头饥肠辘辘的大狗熊误入谷内,本想饱餐一顿动物尸体,结果刚刚张开血盆大口,就轰然倒地,一命呜呼。各路科学家都曾对此进行过冒险性探索和考察,但结论众说纷纭,莫衷一是。有的认为罪魁祸首是聚集谷内的硫化氢和二氧化碳气体;有人认为谷内可能含有某种烈性毒剂。但是距"死亡谷"仅一箭之远,而且没有山峦间隔的村庄却世代平安无恙,过着悠然的田园生活,从无人死于非命。

难道此地受到了上帝的诅咒?无人知晓。只是经年累月,飘零的尸体已渐干枯。

没有生灵可以逃脱这个恶魔的魔爪。

INFORMATION

🗺 地理位置
俄罗斯

🔮 神秘指数
★★★★★

昆仑山死亡谷

爱/人/心/底/的/一/滴/眼/泪

> 当黑云笼罩着山谷，伴随着电闪雷鸣，即可看到蓝莹莹的鬼火，听到猎人求救的枪声和牧民及挖金者绝望而悲惨的哭嚎。

心跳瞬间

昆仑山中一处古老的谷地绝对配得上"天苍苍，野茫茫"的描述，只是风吹草低不见牛羊。丰美的牧草掩盖不住死亡的气息，狼的皮毛、熊的骨骸、猎人的钢枪、人类的尸骨，荒丘孤坟向人们讲述着一个又一个悲惨的故事。这就是昆仑山"死亡谷"，一处田野苍茫、湖泊涟漪的谷地，却是人们不敢逾越的禁区。

"当黑云笼罩着山谷，伴随着电闪雷鸣，即可看到蓝莹莹的鬼火，听到猎人求救的枪声和牧民及挖金者绝望而悲惨的哭嚎。"果真如此吗？

当地牧民传言谷内有魔鬼出没，专食各种动物——包括人，只要进去就再也出不来。1983年一位牧民入谷寻找丢失

✿夕阳把一切都染成金辉，这里真的有魔鬼出没吗？

的马匹，几天之后，马回来了，却不见牧民踪影。后来他的尸体出现在一座小山上，衣服已经破碎不堪，怒目圆瞪，嘴巴大张，手中还紧握着猎枪。但是他身上并无任何伤痕。他是怎么死的，死前遭遇了什么，为何让他如此死不瞑目呢？不得而知。而更多失踪在"死亡谷"中的人至今下落不明，生不见人、死不见尸。曾有羊群误入谷中，便人间蒸发般没了踪迹。

谷内平日风和日丽，但逢天气变化，就会平地生风，电破长空，尤其是那滚滚炸雷，只震得地动山摇，万物枯竭。只要雷雨过后，谷内就会到处是羚羊、野驴、狐狸和飞禽的尸体，尸体旁的焦土泛着难闻的气味，草木已经化为灰烬，似乎是一场天火烤焦了这里的一切，如地狱般的景象让人心生畏惧。

地质考察队探测到该地区电磁异常，越往深处走越强烈。电磁与云中电荷互相作用形成雷电云，专门袭击奔跑的动物。这种推测有一定道理，但是解释不了无雷电时人畜的死亡现象。有学者认为"死亡谷"是冻土层，巨大的冰窟位于其下。炎热的夏日，冻土融化形成暗河藏于绿草之下。当人畜误入其中，就会被暗河拽入无底深渊，以致尸首不存。

空中有雷电，地下有暗河，"死亡谷"杀机重重，还是少去为妙。

INFORMATION

地理位置
中国青海

神秘指数
★★★★★

Chapter 01

地狱之门——最恐怖的15个生命禁区

美丽的山谷与阴郁的死亡实在让人无法联系在一起。

日本龙三角 *Japanese Dragon Triangle*

幽／蓝／色／墓／穴

　　海洋，那片蔚蓝色，给人浪漫幻想，也无情地夺人性命。北纬25°，东经142°，这里有比百慕大三角更难捉摸的水域——日本龙三角，船只莫名沉没、潜艇一去不回、飞机无故坠海、时而出没的幽灵……它就像魔鬼一样吞噬了无数人的希望。

　　自20世纪40年代以来，无数飞机船只毫无声息地葬身在日本龙三角空旷清冷的海水中。1980年，巨轮德拜夏尔号装载着铁矿驶入日本龙三角，这是当时世界上最完美的巨轮，性能极佳。突然，平静的海面飓风骤起，德拜夏尔号在风浪中失踪了。船长并没有发出求救信号，他发出的最后消息为："我们正在与每小时100公里的狂风和9米高的巨浪搏斗。"

二战后期，美军第38航母特遣队奉命突袭日本，结果彻底领教了龙三角的喜怒无常。在高达18米的恶浪中，16艘舰船体无完肤、200多架飞机被掀翻入海、765名美军水兵掉入深渊。这是美国海军有史以来遭遇的最严重的非战斗性伤亡。

日本龙三角无疑是世界上最接近死亡、最为神秘的海域之一。究竟是什么力量能瞬间将船只吞噬？究竟是什么力量能掀起18米巨浪？究竟是什么力量能让飞机不留痕迹地消失？日本龙三角水面下有什么秘密？海底黑洞、异常磁场、外星基地、巨型怪兽……这片世界上声名最为狼藉的海域着实恐怖。

❧ 这片最神秘、最诡异的海域如同恶魔般吞噬着人类。

而《龙三角》的作者伯利兹声称无人驾驶的幽灵船是一切灾难的罪魁祸首。据记载，1881年英国乔治王子在日本龙三角与幽灵船相遇，他在航海日志中记载了发出奇怪磷光的"飞翔荷兰人"。

1980年，一位随船的苏联教授在日本龙三角看到了圆筒状不明物体发着蓝光从海底冲出，烤焦了靠近它的一切物体，而后骤然消失于海洋中。教授断定这种诡异物体绝非地球所有。

想要找到真相必须找到失事船只和飞机的残骸，遗憾的是，所有失踪飞机船只都未留下准确位置，找寻无疑是大海捞针。曾经的探寻也都是无功而返，连个碎片都没见到。龙三角挫败了一次次试图揭开真相的活动，不是科考队全体失踪便是仪器突然失灵，蒙着面纱的龙三角血债累累。

日本渔民对龙三角极为畏惧，但是巨大的利益诱使他们在危险中航行，海员们扬起了远航的号角，蓝色墓穴鬼火点点。

INFORMATION

🏠 地理位置

日本

📊 神秘指数

★★★★★

鄱阳湖"魔鬼三角"

魔/鬼/与/天/使

> 这片美丽的水域像天使一样孕育了周边富饶安定的生活，也像魔鬼一样吞噬了无数人的生命，尤其是老爷庙三角区域狂噪的滔天浊浪。

心跳瞬间

INFORMATION

🏛 **地理位置**
中国江西

🗺 **神秘指数**
★★★★

浩瀚万顷的鄱阳湖，渺无涯际，帆影点点。这片美丽的水域像天使一样孕育了周边富饶安定的生活，也像魔鬼一样吞噬了无数人的生命，尤其是老爷庙三角区域狂噪的滔天浊浪。仅自1960年以来，这片水域已经掀翻了100多条船只，数十位船工葬身湖底。

1945年4月16日，2000多吨级的日本运输船"神户丸"载着抢来的无数珍宝行至该水域便无声无息地消失了，200余名船员无一生还。随后的日本救援队除山下堤昭一人外也都在水下神秘失踪。山下堤昭上岸后精神失常。抗战胜利后，美国数名潜水专家试图打捞这笔珍宝，结果除一人外都再度失踪。

60年代初，一条渔船在众人送行的目光中，猝然没入水中……

1985年3月15日，一艘载重25吨的货船晨晖中沉没于老爷庙以南的3000米水面。

1985年8月3日，一天之内十几条船只在该水域莫名失踪。

1986年3月15日，本来如镜的水面突然恶浪滔天，狂风肆虐，瞬间吞噬了一艘载重20吨的机动船。

……

厚厚的事故记载令人不寒而栗。更令人费解的是，老爷庙水域水深不过30米左右，湖底除却游戏的鱼蚌外，没有任何船只的残骸。千百年来沉没于此的上千艘船只去了哪里？屡屡显露杀机的鄱阳湖"魔鬼三角"似乎越来越让人不可捉摸。

生活在湖上的人们辛勤地劳作着，一片祥和的场面。

每年三、四月老爷庙水域就会变化无常，晴空丽日下即会狂涛巨浪，没有任何征兆。浊浪来时天黑如夜，浓雾弥漫，瞬间又会蓝天白云。就在这短短几分钟内船只沉没，船员遇难。更出人意料的是，所有事故当天都皓日当空，天气极好，而阴雨天气从未有船只沉没。疑团越来越多，鄱阳湖"魔鬼三角"恐怖面纱丝毫未揭开。

2000年前，一颗硕大流星坠于鄱阳湖；70年代中期，鄱阳湖上空有圆盘状发光体掠过；老爷庙精确的角度设计使人无论在哪个方位都与它正面相对，如此精妙的建筑令人怀疑是否人类所为……这些会不会和鄱阳湖"魔鬼三角"有关？我们只能推测。

天使般美丽的鄱阳湖，为何像魔鬼般残暴？

美丽的鄱阳湖也是鸟类的最爱。

勐梭龙潭

佤/族/神/潭

> 勐梭龙潭，神秘传说下的一片静水，本不应涉及生死，却注定与恐惧相连。

心跳瞬间

INFORMATION

地理位置
中国云南

神秘指数
★★★

勐梭龙潭，一处绝美的风景，林翠山青，鸟唱蝉鸣，仙鹤起舞。这是佤族人心中的"神潭"，潭水能治百病，潭水变幻的颜色是神的指示。令人感到恐怖的是，秀丽的龙潭边林立着数以万计的牛头骷髅，牛头和龙潭之间存在怎样的联系？佤族人为什么会悬挂这么多的牛头于潭边？是为了祈求神灵的保护还是他们心中另有顾虑？对此，佤族人秘而不宣。

每天清晨佤族人都会来龙潭取水，但对于潭中的鱼则唯恐避之不及，因为龙潭的鱼碰不得，食之必死无疑。传说龙潭以前是一个村寨，寨里的人因为误食了龙王的女儿小鲤鱼而遭天谴被大水淹没，唯独没有吃鲤鱼肉的寡妇和她的孩子幸存。科学检测潭中鱼肉鲜美无毒可食，但是许多实例确实验证了这个传说，误食鱼肉而死的佤族人房屋荒芜，就在村中一角。

勐梭龙潭，神秘传说下的一片静水，本不应涉及生死，却注定与恐惧相连。

如镜的湖面看不到一片落叶，因为多情的小鸟衔走了水中的每一片落叶。

美国"拐孩林"*Angels Forest*

天/使/的/残/忍

美国加利福尼亚的安琪儿森林，美好的名字充满了纯真，令人向往，可惜它天使名称的背后是未知的凶险。

1957年3月的一天清晨，8岁的汤姆·鲍曼和他的父亲、姐姐、堂兄在安琪儿森林悠然地散步，一家人其乐融融。伶俐的汤姆跑在最前面，时不时招呼他的哥哥姐姐快点跟上。可在眨眼之间，汤姆就仿佛人间蒸发一般，无声无息地消失了。哥哥姐姐本以为汤姆在捉迷藏，但是随着时间的推移，他们才意识到汤姆失踪了。当地警察和400名志愿者搜遍了安琪儿森林的每个角落，连个蛛丝马迹都未找到。汤姆消失了。

汤姆并不是唯一一个就这样消失在安琪儿森林的孩童。很多8～11岁的鲜活可爱的小天使在离亲人几米远的地方都莫名其妙地人间蒸发了。真相至今不得而知。因为安琪儿森林吞噬的都是小孩，又被人们冠以"拐孩林"的可怕名称。

INFORMATION

🏯 地理位置
美国

📊 神秘指数
★★★★★

黑竹沟
中/国/的/百/慕/大

> 神秘莫测的传说，奇险秀丽的风光，四处出没的珍禽异兽，这便是黑竹沟。它引人入胜、又杀机重重。难怪曾经与它有过亲密接触的人都称之为'中国的百慕大'。

心跳瞬间

INFORMATION

🏯 地理位置
中国四川

🔮 神秘指数
★★★★

在中国四川省小凉山地区那莽莽林海深处有一魔沟——黑竹沟，它也在神秘的北纬30°线上。据说，沟内野人出没，熊猫以羊为食，怪兽有两个头，还有史前的翼龙……当地人称之为"斯豁"，即"死亡之谷"。

黑竹沟令人畏惧的传言下是极其秀美的面容，湖光山色充满了原始古朴的味道。浓雾紧锁是黑竹沟的特色，每时每刻都有不同的云雾在谷中升腾。清晨浓浓的紫雾弥漫，傍晚烟雾遮天蔽日，忽明忽暗间令人不寒而栗。据彝族老乡讲，沟内禁止大声喧哗，不然就会惊醒山神，如果山神发怒就会喷出可怕的青雾，将人畜吞噬。

中央台《走进科学》节目为了揭秘这一系列神秘失踪事件，特地找来4只品种优良的信鸽在黑竹沟沟口放飞，7天过去了，信鸽就这样毫无声息地消失了。摄制组通过各种精密仪器测得，在这个地磁异常的区域时钟停滞，指南针失灵，罗盘无法读数，局部偏差达30°。但是当地的彝族老乡并不认同，如果因为磁场原因，那么为何不受磁场影响的信鸽和猎犬也消失在黑竹沟呢？黑竹沟的秘密也许只有失踪在其中的人才知道吧！

神秘莫测的传说，奇险秀丽的风光，四处出没的珍禽异兽，这便是黑竹沟。它引人入胜、又杀机重重。故称之为"中国的百慕大"。

❈黑竹沟的迷雾可能就是那一切神秘的源头吧！

卡尼古山"飞机墓地"

高/处/不/胜/寒

> 不得不承认，这是一处难得的胜境，只是可惜高处不胜寒，无数的飞机到此便失去了方向，一头撞向山壁，瞬间粉身碎骨。

心跳瞬间

飞机能飞过千重山万重岭，但是有一处，却怎么也飞不过。卡尼古山，法国比利牛斯山东部的一处高峰，威严雄壮，大理石岩闪烁着冷酷的色调，冰冷的海水击打着峭壁，翻滚着白色的浪花。无数的飞机到此便失去了方向，一头撞向山壁，瞬间粉身碎骨。

卡尼古山被称为"飞机墓场"，山脉间散落着无数飞机的残骸，包括各个年代的各式飞机。仅仅1945年到1957年，卡尼古山就有5架飞机遇难，平均每两年就会有一架飞机在此失事。据保守统计，至今因飞机遇难长眠于此的人数达229人。

没有人能说清为什么卡尼古山如此钟爱飞机，这里已然成为飞行员无法逾越的禁区。当飞机飞到卡尼古山上空时，机上的仪表和无线电设备都会莫名失灵，定位系统也会出现故障，以致不知身在何处，跌跌撞撞中性命堪忧。

充满魅力的卡尼古山偏偏得此名称，令人唏嘘。

❋风景秀美的比利牛斯山却暗藏着一处飞机的墓场。

INFORMATION

🏠 地理位置
法国

📊 神秘指数
★★★★

尼奥斯"杀人湖"

血/染/的/灭/顶/之/灾

> 曾经清澈无比的尼奥斯湖一片血红，就像被鲜血染过一般，湖面漂浮着一缕缕令人作呕的雾气。突来的灭顶之灾将天堂变成了人间地狱。

心跳瞬间

平静的湖水暗藏着巨大的杀机。

喀麦隆的尼奥斯湖湖水湛蓝清澈，茵茵绿草，鸟语花香。谷间的村庄千百年来享受着尼奥斯湖的馈赠，春耕秋实，平静的田园生活惬意而知足。其实灾难就在他们身边。

1986年8月21日晚，尼奥斯湖滚滚雷声响彻夜空，一股幽灵般的圆柱形蒸汽从尼奥斯湖中强劲射出，整个湖面都如开水般沸腾起来，巨大的气浪翻向岸边，而后一束烟云从湖中升起，袭向谷间的村庄，忽而世间的一切声响都消失殆尽。

一瞬间，曾经清澈无比的尼奥斯湖一片血红，就像被鲜血染过一般，湖面漂浮着一缕缕令人作呕的雾气。湖边青草泛着枯萎的黄色，到处躺着死去的牲畜和鸟兽。谷间的村庄中可怕的寂静令人窒息，房屋、牲口棚一切都完好，但是没有任何生命存在的迹象。推开屋门，看到的都是面目狰狞的死人，惊愕的眼神，弯曲的手指，口鼻中凝固的血块，没有人知道他们死前经历了什么，突来的命顶之灾将天堂变成了人间地狱。近2000人和6000多头牲畜死亡，加姆尼奥村全村650名居民中，仅有6人幸存。

有科学家推测是古老的湖底火山发怒了，喷射出大量的有毒气体，但是没有任何证据能证明此种说法。尼奥斯湖给了村民无尽的快乐，也最终吞噬了他们的生命。20多年过去了，尼奥斯湖又静静地安卧在帕美塔高原上。但是谁能保证不再发生类似的"杀人事件"呢？

INFORMATION

🏛 地理位置
喀麦隆

🗺 神秘指数
★★★★

THE GATES OF HELL

32

巴罗莫角

死/亡/的/瞬/间

地狱之门——最恐怖的15个生命禁区

> " 北极巴罗莫角，一个能见证死亡瞬间的锥形半岛。"

冰天雪地的北极圈内藏尽了神秘的力量，最为著名的便是一座锥形小岛，人人即亡的巴罗莫角。而它的发现史就是一部人类死亡史。

最先走进巴罗莫角的是因纽特人小亚科逊。他因追逐一头北极熊登上了小岛，随后就消失得无影无踪。随后赶来的救兵也都无声无息地消失在巴罗莫角。几十年之后，几个手拿枪支的加拿大人发誓要勇闯"死亡角"，结果也人间蒸发了。

1972年探险家诺克斯维尔以及默里迪恩拉夫妇登上小岛。4月14日，他们决定走近巴罗莫角腹地。突然诺克斯维尔机惊慌地叫道："快拉我一把！这里好像有个磁盘，我动不了了！"话音未落，诺克斯维尔面部的肌肉开始萎缩，不到十分钟，他就仅剩一张薄薄的皮附在骷髅上了，很快皮肤也消失了，只留下惨白的骨头。整个过程中没有出现血肉模糊的情景。默里迪恩拉夫妇逃脱了，他们成为死亡角死亡瞬间的唯一见证人。

巴罗莫角，一个能见证死亡瞬间的锥形半岛。

INFORMATION

地理位置
北极

神秘指数
★★★★★

✤ 神秘的死亡如同冰冷的冰山般藏在人们的心底，让人不寒而栗。

大地玄机

——最具争议的24处地球秘境

Mystic Zone

阿尔沃兰海域

蓝/色/悲/情

> 阿尔沃兰海域就像一座幽灵城堡漂浮在地中海之上，间或的飞机失事、船只遇难令这片海域弥漫着悲情色彩，究竟是什么赋予这片美丽的海面以凶险和恐怖呢？至今还没有一个可信的解释。

心跳瞬间

INFORMATION

🏛 **地理位置**

地中海

🗺 **神秘指数**

★★★

碧蓝沉静的地中海几多幻梦，几多浪漫，几多悲情。这片孕育了无数文明的海域中有一块飞不过去的"死亡三角区"，这就是阿尔沃兰海域。二战后的20年内，这里发生了11起空难，229人遇难。所有路过该海域的船只、飞机仪器都会莫名失灵，失去方向，最后一头沉入茫茫大海。

1969年，西班牙海军一架"信天翁"号飞机在阿尔沃兰海域神秘失踪，西班牙海军动用了10余架飞机、4艘舰船搜索十几天仅仅找到两把座椅。机长发出的最后消息令人费解："我们正朝着巨大的太阳飞去"，他们真的飞向了太阳？而两个月前另一架"信天翁"号飞机刚在这里失踪，失事机长获救，却丝毫说不清发生了什么。

1975年7月西班牙空军学院4架训练机在阿尔沃兰海域集训，一道闪光掠过，4架飞机齐刷刷栽进海中。失事地点距离海面仅1海里，训练有素的军人却无一人生还。

除却飞机，船员对这里也心怀畏惧。1964年7月，一岛屿电台半小时内连续收到同一船只的两次求救信号，却怎么也确定不了该船的具体位置。

翌日，距离海岸1海里的海面上浮起了十几具穿着救生衣的尸体。对于水性娴熟的船员来说，1海里的距离实为小菜一碟，况且还身穿救生衣，那为什么这艘名为"马埃纳"号的渔船无一人生还呢？各种说法刹那间甚嚣尘上，但就像刊登该消息的西班牙报纸所说"没有一个合情合理的解释"。

从1964～1985年间有6艘潜艇在阿尔沃兰海域莫名消失，而同一时期全世界潜艇遇难事件不过11起。一位海军发言人曾表示："那种认为它们遭到同一个敌人进攻的假设，就像它们失踪本身一样神秘，异想天开。"那么它们是怎么从地球上消失的呢？难道真像《百慕大》作者所说那样，阿尔沃兰海域下面存在某种史前文明？

阿尔沃兰海域就像一座幽灵城堡漂浮在地中海之上，间或的飞机失事、船只遇难令这片海域弥漫着悲情色彩，究竟是什么赋予这片美丽的海面以凶险和恐怖呢？至今还没有一个可信的解释。

无论人们如何猜疑推测，阿尔沃兰海域一直保持着沉默。

浪漫多情的地中海是很多人心目中的度假胜地。

阿尔沃兰海域如同幽灵般出没在地中海上，给这里笼罩着阴暗的面纱。

特兰西瓦尼亚

吸/血/鬼/故/乡

❝ 黑衣袭身，白面獠牙，吞噬鲜血，肆虐人类，残酷无情。白天穴居棺材，昏暗不见天日；晚上化身蝙蝠，疯狂残害人类。❞

心跳瞬间

INFORMATION

🏰 地理位置
罗马尼亚

🗝 神秘指数
★★

寒气森森的夜幕下，黑云翻滚，阴风阵阵，一道道闪电划破夜空，疯狂地肆虐着大地。如此诡谲阴郁的夜晚，一个紧裹黑色斗篷的身影在黑夜中徘徊游荡，如幽灵般降落到窗前，化身为黑色的蝙蝠，舞动着薄翼，飞入了卧室，扑向熟睡的少女，两只长长的獠牙，对着少女的脖颈咬了下去……这就是传说中的特兰西瓦尼亚的吸血鬼。

没有哪个地方能像特兰西瓦尼亚一样能够唤起人们的恐惧感。传说吸血鬼的故乡，也是狼人和吸血蝙蝠的栖息地。郁郁森森的原始森林，四处出没的棕熊、狼，黑暗不见天日的深山荒野，吸血鬼族的幽暗，狼人族的血腥，充满了诡谲阴郁的气氛。

吸血鬼，和特兰西瓦尼亚的三个历史人物密不可分，也是典型荧屏吸血鬼的来源。费拉德·德古拉（原身威拉德三世），一个邪恶的吸血恶魔，居住在一个鬼怪出没的城堡里，绰号"穿刺公"（用尖木桩将人钉死），以残酷而闻名，相传曾为民族英雄，迎战外地入侵，年轻貌美的妻子误信丈夫已战死的讹传而殉情自杀，威拉德三世悲愤之余化身吸血鬼，吸尽了无数人类的鲜血。莱斯男爵，风度翩翩却凶狠恶

✤ 吸血鬼的传说让墓地成为永不宁静之地。

毒，心狠手辣，残杀300多名儿童，用鲜血来寻找点金术的秘密；吸血鬼女伯爵（原身巴托里伯爵夫人），美丽妖艳，却心如蛇蝎，喜欢吞噬处子之血，甚至把血装满浴盆来沐浴更衣，使自己永葆青春。他们的行为惨绝人寰、残暴冷酷，相传死后都变成了恐怖的吸血鬼。这是最早的、也是流传最广的吸血鬼形象。

　　吸血鬼一直带有离奇而恐怖迷幻的色彩，屡屡被搬上屏幕，成为主角。荧屏里的吸血鬼，大都牙齿尖长，皮肤苍白，眼睛发红，没有心跳和脉搏，也没有呼吸，没有体温，而且永生不老。但是他们有自己的思想，会思考，会交谈，也会四处走动。传说，吸血鬼害怕阳光，在太阳下就会湮灭或融化。他们白天睡在棺材里，到晚上，就变成吸血蝙蝠，飞到小镇上吸食人的鲜血。他们需要不断地汲取鲜血，对鲜血欲求的强烈程度，不是我们人类能够领会的。吸血鬼总是在阴暗的角落里孤独地生活，日复一日地用鲜血作为自己的食品。在他们眼中，人类不过是一些弱小的生物罢了。吸血

❋ 在密林的深处是不是就是吸血鬼的老巢所在。

吸血鬼一直带有离奇而恐怖迷幻的色彩，屡屡被搬上屏幕，成为主角。

鬼的冰冷和诡异让人不寒而栗。

吸血鬼真的存在吗？曾有坟墓里的尸体自我吞食和爬出坟墓吸食人血的新闻，这既骇人听闻，让人魂分魄散，也引起了人们对吸血鬼的好奇。为了消除人民的恐惧，据说当时政府采用了许多骇人听闻的手段，比如把一座公墓里的坟墓全部打开，看看哪些人的尸体没有腐烂，并当众焚尸。也曾有英国的4名年轻学生来到特兰西瓦尼亚，专门研究吸血鬼，3年得出的结论是：吸血鬼是真实存在的；在刚刚死去将要下葬的人嘴里放一枚硬币，胸前放一个十字架，就可以防止此人因嗜血而自我咀嚼变成吸血鬼。恐怖的吸血鬼，难道一直和人类生活在同一片天空，同一块地域下吗？

▲阴气森森的德古拉城堡就是传说中的吸血鬼老巢。

力量强过人类数倍，但只能生活在阴暗之中；生命不会衰老，但必须日日吸食鲜血才能过活；力量、生命、美丽来自黑暗，当光明来临时，一切也就化为乌有了。

在特兰西瓦尼亚古城挥洒血雨腥风的还有狼人族。吸血鬼非常注重血统，数量一直都很少，狼人则是吸血鬼的忠实仆人。相传，他们嗜食生肉和鲜血，月圆之夜则会兽化成巨狼，对着满月狂嚎，宣泄着黑暗的灵魂和邪恶的欲望，助纣为虐。

✦从这斑斑的遗迹中是否能找寻到狼人的身影？

深夜，狂风大作，电闪雷鸣，茫茫夜空下，窗前一神秘身影闪入房间，在你恍惚恐惧间，两只长长的獠牙，对着你的脖颈咬了下去，"我来吸你的血……"。

纳斯卡巨画

答/案/在/空/中

> 如果说南美是一个用迷铺就的大陆，那么这些纳斯卡平原上的图形就是其中最难解的谜。

心跳瞬间

秘鲁南部荒凉而贫瘠的纳斯卡平原，一个2000年的迷局镶刻其上。在那里约50平方千米的范围内，绵延几千米的线条纵横其间，勾画出一幅幅奇特又准确的巨大几何图案。这些线条沉默无言，似乎在等待后人的耐心破解，又仿佛故意隐藏着什么秘密。如果说南美是一个用迷铺就的大陆，那么这些纳斯卡平原上的图形就是其中最难解的谜。

 印加时代的木乃伊也给这里增添了一丝恐怖气息。

1939年保罗博士乘坐飞机沿着纳斯卡平原上的古代引水系统飞行，偶尔的一次低头就有了震惊世界的发现。保罗博士看到纳斯卡平原上有着巨大而神奇的类似飞机跑道一样的直线图案。"平行的跑道"有着明显的起点和终点，博士不由得惊叹道："我发现了世界上最大的天文书籍。"这次发现吸引了全世界的目光，纳斯卡巨画显示了超凡的魅力，令无数考古学家天文学家为之探寻一生。

德国天文学家赖希女士为纳斯卡巨画奉献了自己毕生的精力。赖希女士找到了数百个不同形状的纳斯卡巨画。因为她，我们才能更深入了解纳斯卡巨画。纳斯卡巨画规模之大超出人们的想象，在这里几乎能看到所有的几何图形，三角形、四边形、方形、圆形，甚至还有螺旋形、波浪形、放射形……有的互相平行，有的纵横交织。一些图案有着动物的样子，飞鸟、鱼虫、猴子、蜘蛛……更多图案是一些不可名状的植物形状。这些只有从天上俯瞰才能一睹全貌的图案，在纳

INFORMATION

🏛 地理位置
秘鲁

🗺 神秘指数
★★★

 这些充分展现设计者智慧的巨大图案，只有从上俯瞰才能看清全貌。

斯卡平原上讲述着自己的故事，只是没有人能读懂它们。

纳斯卡巨画中最为著名的是一幅蜘蛛图，蜘蛛完全由简单的一条单线勾勒而成。有人认为这是纳斯卡最动人的画，也许是图腾也许是某种仪式。纳斯卡平原上砌着18个相似的鸟图，一条太阳准线准确无误地穿过了鸟的羽翼。同样的图案也曾出现在出土的纳斯卡陶器之上。二者之间一定有着某种联系。一个巨大的三叉戟竖立在一座山脊之上，寒光闪烁，极富威严。纳斯卡平原上从未出现过三叉戟，当地人是如何画出未见之物呢？一个四边形旁边一双只有9个指头的人类巨手伸向远方，它要告诉我们什么呢？

关于纳斯卡巨画有太多的疑问，究竟是谁创造了纳斯卡

巨画，它们是怎样被创造出来的？它们背后到底是什么呢？几十年来众说纷纭，莫衷一是。

构成纳斯卡巨画的线条是两边嵌黑花边的白带，一层浅色卵石延伸而成。据专家估算创造一幅图案需要搬运几十吨重的小石头，工作量极为巨大。关于如何创造巨画，科学界已经有了共识，所有的线条都是事先精心设计的，依图而建。那么如何设计出如此巨大的图案呢？现在更多的科学家倾向于空中设计，这种解释最为合理。但是在原始社会初期，纳斯卡人已经有了空中测绘的飞行器，而且具有了高超的设计、测量和计算能力？

根据美国航天飞机拍下的图片，纳斯卡巨画在百万米高的太空即可看到，由此推论，巨画是为了给空中的人看的。那么"空中的人"在哪里呢？无法想象，这些至今对巨画毫不知情的纳斯卡人，竟在千年前创造了向天空展示的美丽，他们是在祈祷还是呼唤某种生灵的再次降临？

有人认为，这种宏伟的创造与某种天文历法有关，因为一些线条极其准确地指向了黄道上的夏至点。但是这只是为数不多的几条线条。更多的线条并无指向。一些历史学家认为，纳斯卡巨画应该是纳斯卡人祭祀时所走的路线，这样就可以领悟图案所代表的某种物体的实质。也有的学者认为，图案中的动植物更像天空中星座的变形体，那些长长的线条则是星辰运行的轨道。

从地理位置而言，纳斯卡平原应该水草丰美、生机盎然，但是它却像火星一样荒寂。最近考古学家在这里挖掘出400多具木乃伊，而裹尸布上绣有人类升空、滑翔和急降的图案。纳斯卡巨画更加令人困惑。

关于纳斯卡巨画，人类的探索似乎已经走到了尽头，答案就在那里，可是它已经随着时光流逝了。

纳斯卡巨画中最为著名的是一幅蜘蛛图，蜘蛛完全由简单的一条单线勾勒而成。

✦ 此处出土的陶器也充满了神秘的意味。

43

撒哈拉岩画

史/前/奇/迹

INFORMATION

🏛 地理位置
非洲

🔲 神秘指数
★★★

撒哈拉沙漠，一处令人向往又心怀畏惧的秘境，你会迷失其中，也会找回自我。但是谁能想到这片广袤的荒漠在远古时期竟是水草丰美的绿洲，不信有撒哈拉岩画为证。

玄妙的撒哈拉岩画最早由德国探险家巴尔斯发现于1850年，阿尔及利亚一处高高的岩壁上刻画了好多水牛、马和人的形象。线条简单，色彩艳丽，极富张力。20世纪30年代，在扎巴连山谷先后发现了近5000幅壁画，壁上疾驰的羚羊、粗笨的老牛、庞大的大象、悠闲的河马……栩栩如生。尤其那沙漠中不可能有的成千头水牛在壁画之中嬉戏，四溅的水花极为逼真。1956年，法国科学家走进了撒哈拉一座山洞，洞中近万幅壁画震惊了世界，一幅远古生活画卷就此拉开。

头戴巾帽、身缠彩带的原始群落尽情扭动着躯体，场面宏

❋ 这些形象生动的岩画再现了远古生活的场景。

大，各式乐器玲珑巧妙，华服少女手捧食物，战争及狩猎场面充满了动感，战车飞驰，车上首领手持利剑，气宇不凡，众多武士侍立两旁威武雄壮。麋鹿、野驴、鸵鸟、狮子在猎手的追击下奔跑跳跃、疯狂逃命。壁画中人物身体上密密麻麻的白色斑点花纹，直接表明他们是非洲黑人的远祖。丰富的内容揭示了当时相当高的文化水平。

粗犷朴实的岩画所用材料极为简单，就是不同的岩石和泥土。史前人类用尖利的燧石勾勒出动物和人类的轮廓，然后将岩石、泥土混合的颜料涂抹其上。令人好奇的是经历了好几千年的风

雨，为什么这些岩画的色彩并未脱落，依旧耀眼夺目呢？这个问题至今没有答案。

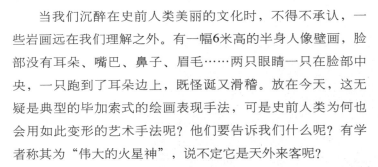

✳岩画上的狩猎场景形象而生动。

当我们沉醉在史前人类美丽的文化时，不得不承认，一些岩画远在我们理解之外。有一幅6米高的半身人像壁画，脸部没有耳朵、嘴巴、鼻子、眉毛……两只眼睛一只在脸部中央，一只跑到了耳朵边上，既怪诞又滑稽。放在今天，这无疑是典型的毕加索式的绘画表现手法，可是史前人类为何也会用如此变形的艺术手法呢？他们要告诉我们什么呢？有学者称其为"伟大的火星神"，说不定它是天外来客呢？

撒哈拉岩画中并没有"沙漠之舟"骆驼，水牛才是主角。那么可以断定，史前时期撒哈拉是一片绿洲，芳草萋萋，绿树成荫，史前人类在此安居乐业。但是当撒哈拉成为荒漠时，他们去了哪里延续他们的文明？

岩画讲述了开始，却没有结局。

英国威尔特郡怪圈

圈/起/来/的/秘/密

> 每年世界各地都会出现大量的麦田怪圈，最能称奇且最可排除人为因素设计的便是英国威尔特郡麦田怪圈。

心跳瞬间

INFORMATION

地理位置
英国

神秘指数
★★★★

❀神秘的麦圈到底是人为还是神秘现象，至今也未给出确切答案。

能想象吗，每年麦子成熟的季节，英国威尔特郡麦田就会在一夜之间出现几百个独立的呈螺旋形分布的圆圈？能想象吗，这些隐藏在麦田中的秘密，规模庞大而又异常精致复杂？能想象吗，威尔特郡麦田中的圆圈不停地变异，从350年前的简单圆圈直至2009年出现三维效果？

每年世界各地都会出现大量的麦田怪圈，最能称奇且最可排除人为因素设计的便是英国威尔特郡麦田怪圈。这些真真实实出现在麦田的怪圈，高深莫测，无人知晓，尽管它已经成为研究课题，但所有的研究只是摒除了艺术家作假的人为怪圈，对于威尔特怪圈的研究几乎没有进展。有很多人将其与外星智慧生物相联系，这些在空中才能看到的符号会不会是星外生物传递给我们的某种信息呢？或者麦田怪圈是一种不为我们所知的神秘超能量形成的？

距威尔特郡麦田怪圈几十米处便是著名的史前遗迹巨石阵，很多英国人坚信二者之间存在某种关联，至少传递着同一信息。那么这一信息是什么呢？跟踪麦圈15年的卡兰这样解释这些出现的三维麦田怪圈："代表着通过尘世之路，走向神圣世界。"

迪安圈

神/的/喻/示

> 迪安圈是神的喻示，因为迪安圈往往出现在神秘古迹旁边。每次迪安圈的出现总是伴随意外事故，不是飞机失事便是大火纷飞。这会不会是古人给我们留下的密语呢？

心跳瞬间

在 1986年一夜天色发白之际，一种神秘的力量迅速扫过一片玉米田，新的迪安圈又诞生了。迪安圈内玉米梗扁平地沿着顺时针方向贴伏在地上，呈现美妙而神奇的旋涡状。高空俯瞰，就像整齐的符号。此次迪安圈是在人类时刻监控下出现的，没有任何征兆，它就那么神奇地出现了。

关于迪安圈，最早的记录始于1975年，虽然有证据显示它早已存在。总结迪安圈，不难发现它们的共同点：迪安圈总是出现在几个固定的地方：比如英国彭奇波尔、汉普什尔郡和威尔特郡等地。迪安圈尺寸都很大，最小的直径也达几米，简单的圈状造型构成异常复杂的图案。有的像蜻蜓，有的像蜘蛛，有的像太阳系八行星，有的像雪花，有的像晶体晶片，有的像花瓣，有的像分子键，有的像太极八卦图形状等等，还有规则的几何拓卜形状，对称而悦目。

◆ 神秘的力量造就了神秘的迪安圈，它如同一道咒语般锁紧了人们好奇的心理。

每逢迪安圈出现，当地上空云层就会出现异常，并且迪安圈内的庄稼具有较强的放射性，电磁的存在表露无遗。但是电磁来自哪里？有人推测是外星人利用高科技程序通过强功率电波在农田制图，显然这是非常可行的。由此来看，破解迪安圈也是一种星际交流。

更多人倾向迪安圈是神的喻示，因为迪安圈往往出现在神秘古迹旁边。每次迪安圈的出现总是伴随意外事故，不是飞机失事便是大火纷飞。这会不会是古人给我们留下的密语呢？

INFORMATION

🏔 地理位置
英国

📊 神秘指数
★★★★

神农架

幽/境/探/秘

> 传说进入林中禁区就会神秘失踪，连尸骨都无处可寻，高山间劲风扫过，传来莫名的嘶鸣声，犹如金戈铁马。

心跳瞬间

农架，上古神农尝百草之地，这一层神秘的外衣，撩拨着世人前往，它幽境诡异、它绝美大气，每一处都直抵心魄，荡气回肠。

INFORMATION

🏛 **地理位置**
中国湖北

🗺 **神秘指数**
★★★★

神农架千峰陡峭，绝壁林立。层层叠叠的山峦间白茫茫的云雾放肆地弥漫着，宛如八仙腾云之景。风景垭集天下云雾之大成，十分钟内景色变幻莫测，忽云、忽雾、忽而晴空万里、忽而小雨淅沥，总是出人意料。一路行进，愈加云深不知处，山高雾大，不由地心生畏惧，那云雾深处藏尽了百草的秘密。

神农架原始林区高达3000余米，遮天蔽日，被誉为"华中屋脊"。青天玉柱般的林木间密挂松萝藤蔓，潮湿林荫间光影斑

驳，厚厚的青苔充满了神秘莫测的气息。著名的"神农架野人"就在此出没。"神农架野人"就像林间缥缈的云雾般似幻似真。那神秘的大脚印、夜晚的吼叫、目击者的证言都似乎证实了野人的存在，可当探险家、记者千里大追踪时，却又毫无踪迹可寻。

传说进入林中禁区就会神秘失踪，连尸骨都无处可寻，高山间劲风扫过，传来莫名的嘶鸣声，犹如金戈铁马。千峰万壑呈现惊心动魄的狰狞，厚厚的浓雾扑面而来夹杂着未知的力量。崖壁之上散布古栈遗迹，危壁千仞的半山残留有古代巴人和撩人的悬棺。对于悬棺，我们所知甚少，无法确定时间，也无法推测如何悬挂半崖。神农架上土家先民依洞穴而居，他们来自哪里，如何登上神农架，又去了哪里，这都是谜。

来到神农架，你会不由地喜欢上它的神秘。神农架原始森林中生长着2000多种植物，聚集了500多种野生动物，奇珍异草、珍稀动物比比皆是。神农在此尝百草就足以说明此处植被的丰盛。白蛇、白喜鹊、白猴、白獐、白麂、白乌鸦，甚至还有白蛤蟆，古今中外还没有一个地方能发现像神农架这样众多而奇异的白化动物。为什么神农架会聚集这么多的白化动物，目前还没有一个科学的解释。

神农架太多的事情在我们人类理解之外，这里自成天地，自有规律。也许它与华夏民族莫名的情缘便说明了它的与众不同。

长白山天池

怪/兽/之/谜

> 时而浮出水面，时而沉入池底，时而窥探人类，时而仓忙逃逸，长白山天池水怪频频现身，是巧合还是暗藏玄机？壮丽的风光，古老的传说，灵异的怪兽，长白山天池，给你意想不到的诡异与惊奇。

心跳瞬间

INFORMATION

🏔 地理位置
中国吉林

🔮 神秘指数
★★★

长白山，圣洁的山，神圣的山，神奇的山，神秘的山。壮丽的风光、古老的传说和怪兽之谜交织在一起，使长白山天池更具神秘色彩。

长白山天池气候多变，风狂、雨暴、雪多是它一贯的秉性。它对阴冷似乎情有独钟，冬季竟达10个月之久，漫漫无期的凛冽使湖水冻结的时间持续达6个月。而狂风怒吼，则是它略施颜色。风力5级时，池中浪高可达1米以上。如同任性的少女发怒，平静的湖面霎时狂风呼啸，砂石飞腾，甚至暴雨倾盆，冰雪骤落。

绰约多姿的奇峰危崖统统罩上了一层朦胧的面纱。这雾霭

风雨，瞬息万变，虚无缥缈的白山风云，既绘出了"水光潋滟晴方好，山色空蒙雨亦奇"的绝妙美景，又为长白山天池增添了无限的神秘感，它塑造了长白山天池的独特个性。

✤ 美丽的长白山天池真的有怪兽吗？这是一种巧合还是暗藏玄机，我们不得而知。

雄伟壮丽的长白山，静谧幽深的天池水，徐徐拂面的凉风……这些旖旎风光的背后，又隐藏了什么呢？那深不见底的天池水里，似乎有双眼睛不甘寂寞地浮出水面，明目张胆地打量着这个人类的世界。

水怪，这个诡异与神秘的幽灵物，这个狰狞的庞然大物，为长白山天池增添了更多诡异和神秘色彩。时而浮出水面，时而沉入池底，时而窥探人类，时而仓忙逃逸。它是天池的主人，还是擅自闯入者？

据多位目击者描述，在长白山高耸入云的天文峰下，碧蓝幽深的天池边，"只见一头毛色黝黑、若棕熊般的狰狞水怪，正伏卧在天池边的一块嶙峋怪石后，双眼灼灼地向近在咫尺的人群窥探。它听见惊叫，惊骇地霍然蹿起，扑通一声，跳入水中。平静无波的天池内顿时漾起了一条人字形波纹，而水怪转瞬间就消失得无影无踪了。"

天池水怪的消息不胫而走，社会即掀起了轩然大波，科学家、生物学家、旅游者、探索家纷纷沓至而来，只为目睹

✤ "天池怪兽"究竟有没有，有多少，怎样生存……问题本身就充满了疑惑和诡异。

那奇异的一幕。

2005年的一天，有人趁夜色登橡皮筏入池，刚入湖就遇到一股黑色的大水柱冲天而起，差点掀翻橡皮筏。水怪，又出现了！

天池中到底有无怪兽？如果有，那它到底又是什么？

难道是一条鱼在作怪？可是天池山高水冷，一年中有近8个月的时间被冰雪覆盖，即使是在盛夏的正午时分，水温只有11℃左右，什么鱼会在这里生活呢？而且天池地处高山之巅，自然环境恶劣，草木不生；水中有机质及浮生物极少，没有可供大型动物生存的食物。天池水中无任何生物，既然水中没有生物，若有怪兽，它吃什么呢？这一连串的疑问使得天池更加神秘美丽。

幽暗的深夜，灵异的眼睛扫视着天空，变异的身躯游荡在湖面，不连贯的咒语穿透了了无人烟的天池，似在向人类宣泄不满，或是向人类呼唤？长白山天池的怪兽，等待着人类去揭秘。

喀纳斯湖

潘/多/拉/宝/盒

> 喀纳斯湖是中国西部的最深湖泊，188.5米的深度使一切都有可能发生。变色湖水、庄严佛光、枯木长堤、喀纳斯湖怪……它就像潘多拉的盒子，幽静的气质下是湖底深处的未知。

喀纳斯湖南北长达25千米，仿若一弯新月藏于新疆阿尔泰山脉西麓。"喀纳斯"为蒙古语，意为"美丽富饶、神秘莫测"，直白明了地诠释了喀纳斯湖的全部。喀纳斯湖是中国西部的最深湖泊，188.5米的深度使一切都有可能发生。变色湖水、庄严佛光、枯木长堤、喀纳斯湖怪……它就像潘多拉的盒子，幽静的气质下是湖底深处的未知。

撩开喀纳斯神秘的面纱，你会惊讶于它的沉静和幽美。拥有众多传闻的它确实绝美如画。喀纳斯湖水面辽阔，来自阿尔泰山的雪水清冽甘甜，周边的奎屯山、友谊峰雪冠加顶，原始森林青翠葱郁，草甸悠长绵厚。青山、碧水、雪峰、密林……干净的瑞士气息与清新的中国写意在此完美结合。

喀纳斯湖的神韵见于多变的色彩。从晨至昏，其中韵味，只有身临其境才能有所感悟。早春时分，青灰色的冰块顺流而下，幽暗而澄净，嫩嫩的浅绿色泛着幽蓝的光，直抵心脾；入夏，烈日下滚滚冰水放射出乳白色的光晕；深秋湖面色彩斑斓，湛蓝黛绿色的光影如油画般醉人；隆冬季节，喀纳斯湖凝结成一颗硕大的水晶，光芒璀璨。喀纳斯湖奇幻曼妙的色彩归功于湖中聚集了大量的冰碛风化物颗粒，这些悬浮颗粒在不同的深度、不同的角度反射出不同的光芒。

雨后，一轮红日喷薄于喀纳斯

INFORMATION

地理位置
中国新疆

神秘指数
★★★

湖面升腾的雾气给喀纳斯湖增添了一丝神秘和诡异。

大红鱼是喀纳斯湖的特有鱼种，它们生性凶猛，行踪诡秘，喜欢成群结队地活动。

云海之上，在喀纳斯湖西面出现一个巨大的光环，色彩纷呈，一半浮于云海之上，一半隐于云海之中，大有佛祖降临之势，庄严而澄净。这就是喀纳斯著名的"佛光"。"佛光"只有短短十几分钟，转眼而过，仿佛神仙驾鹤西去。

在喀纳斯湖北段，数以千计的枯木聚集在一起，就像一条千米木堤。这些来自上游的枯木飘到这里就不再前进，不论上游水势多猛，都不再挪动脚步。曾有人对此表示怀疑，故意将一段枯木丢于喀纳斯湖下游，结果枯木竟然逆流而上，执着地回到原地，耐人寻味。枯木落叶间偶见动物尸体，平添恐怖气氛。

世界上有很多关于"湖怪"的传闻，但是随着时间的推移和真相的揭示，这些传闻都已渐渐淡去，几乎经不起反复推敲，而"喀纳斯湖怪"的传闻确历久弥新。那条来去只留背影的"喀纳斯湖怪"似乎越来越接近现实。它使喀纳斯湖边的牛羊莫名消失，它将捕鱼工人放置的渔网在一夜之间被漂流在千米之外，它不时在湖面兴风作浪又瞬间消失……

❋ 美丽的景色让人们很难相信这里会有"湖怪"出没。

2005年6月7日，距离一条游船200多米远的水面上，突然浪花翻滚，游船瞬间被推出去出去20多米远。待浪花稍稳，人们发现喀纳斯湖水面下出现了一个巨大身影，快速地向湖心游去。渐渐地一个身影分成两个，一前一后地在水面下滑行，几分钟后消失在翻滚的浪花中。来自北京的游客拍摄下了全过程，这是人类唯一一次近距离拍摄到"喀纳

斯湖怪"。它消逝的背影挑战着人类的认知。

　　图瓦人是成吉思汗后裔，勇猛彪悍，尤擅骑术。他们固守着祖辈们粗犷又精致的生活方式，围捕渔猎。原木雕琢的木屋内奶茶飘香。湖边零落的牛马尸骨是图瓦人坚守的证据。他们曾数次试图追捕"湖怪"，但都以失败告终。数队科考人员进行了多次大规模的考察，却无任何收获。而当"湖怪"就要在人们关注视线内消失时，又总有游客拍下有关湖怪的视频或照片。

　　而今图瓦人已不在喀纳斯湖渔猎，也不在湖边放牧，这里成了他们生活的禁地。

　　大红鱼是喀纳斯湖的特有鱼种，生性凶猛，行踪诡秘，它们会不会就是传说中的水怪呢?

尼斯湖 *Loch Ness*

待/揭/的/神/秘/面/纱

　　英国苏格兰高原北部的大峡谷中，有一道39千米长的墨黑细流，宽度仅2.4千米，最深处竟达293米，恍若在宛若嶙峋的高地上划出的一道裂痕。高山深谷中，苍翠的林木铺满起伏的峰峦，纵眼望去，好似碧波万顷的绿色海洋，这些风景让它显得更为神秘，这就是著名的尼斯湖——这一弯底部地形复杂、拥有曲折如迷宫般深谷沟壑的天然淡水湖，它曾是不轨之徒制造新闻的噱头，也是科考专家挑战自然规律的尝试。

　　早在1500多年前，就开始流传尼斯湖中有巨大怪兽常常出来吞食人畜的故事。相传公元565年，圣哥伦伯和他的仆人在湖中游泳，水怪突然向仆人袭来，多亏教士及时

相救，仆人才游回岸上，保住性命。据说曾经有人目击过这种怪兽，说它长着大象的长鼻，浑身柔软光滑；有人说它是长颈圆头；有人说它出现时泡沫层层，四处飞溅；有人说它口吐烟雾，使湖面有时雾气腾腾……各种传闻颇不一致，越传越广，越说越神奇，听起来令人生畏。自此以后，有关水怪出现的消息多达1万多宗。但当时人们对此并不相信，认为不过是古代的传说或无稽之谈。

1934年4月，伦敦医生威尔逊拍下的水怪照片，曾轰动一时。照片中的水怪长着长长的脖子和扁小的头部，看上去完全不像水生动物，倒是很像早在7000多万年前灭绝的巨大的爬行动物蛇颈龙，更加剧了20世纪的"恐龙热"。尽管后来事实证明照片确系伪造，但依然挡不住人们揭开水怪神秘面纱的热情。从20世纪60年代开始，屡屡有科考队试图借助高科技大举搜寻尼斯湖水怪，但是终因尼斯湖的复杂地形无功而返。

全世界许多著名的科学家坚信在尼斯湖中确实存在一种至今尚未被人们查明的怪兽。他们认为，几亿年前，尼斯湖一带原是一片极目浩瀚的茫茫海洋，后来由于地壳运动频繁，经历了多次海陆变迁，才逐渐演变成今天的面貌。因此，很可能有一种尚未被人类认识的远古动物——独特的海栖爬虫类动物至今仍然生活在尼斯湖里。但是它在哪里呢？

INFORMATION

🏛 地理位置
英国

🗺 神秘指数
★★

大地玄机——最具争议的24处地球秘境

喜马拉雅雪山

我/不/孤/单

> 诡异的绒毛、庞大的身躯、急驰的速度、刺耳的尖叫……高山峻岭、冰天雪地、茫茫荒野，神秘者游荡、徘徊。是人类、精灵还是魔鬼？是英勇的壮士还是好色之徒？

心跳瞬间

INFORMATION

🏔 **地理位置**
青藏高原南缘

🔍 **神秘指数**
★★

有着"世界屋脊"之称的喜马拉雅山，凭借无与伦比的高度和反复无常的恶劣天气，被称作"死亡地带"。曾经的汪洋大海，历经沧桑岁月，竟成冰雪覆盖的世界之巅，这恐怕是对"沧海桑田"最好的阐释。恐怖的地带，似乎总是不太平的、神秘的。

喜马拉雅山雪人，这个未知的"人"，就游荡在这片土地上。充满神秘色彩的"夜帝"（Yeti）别称，雪豹嘴下救人的

美丽而神秘的雪山总会带给我们无尽惊喜。

THE TRICKY OF EARTH

英勇无畏，掳走美少女的好色之举，雪地上的神秘脚印，非同寻常的粪便，模模糊糊的背影……雪人，他吸引着无数探险家来到这个神秘地带，找寻这个神秘之物。

世间流传着关于雪人的种种传说。不少人都称自己亲眼见到了雪人，并描述得千奇百怪，"巨大的身高，庞大的身躯，怒吼雪崩的巨大嗓音；深深的太阳穴、凹陷的眼睛、紧皱的前额、全身布满红褐色的粗毛。"而证明物的发现，更为雪人之谜增添了神秘色彩。"从未定种的动物毛发""超大的神秘脚印""非同寻常的粪便""突然的袭击""雪人救女孩、又掳掠裸泳少女的'金刚化'传说"……在人们的印象中，雪人时而仁慈、温柔，时而凶猛、剽悍。

雪人的传说吸引着无数探险家来这里一探究竟。

也许喜马拉雅雪山的雪人是森林人类。因性格迟钝而被社会排挤，躲避在这寸草不生、荒芜凄凉的冰天雪地里，经过千百年的洗礼变成了今天的雪人。

也许喜马拉雅雪人是森林精灵。神出鬼没，神乎其神，身躯庞大，又见义勇为，岂是世间的平凡事物。

也许喜马拉雅雪人是森林魔鬼。恐怖、邪恶，留给人们的只是神秘与猜测，只是荒原白雪中的一个魔鬼。

雪人，奔跑在喜马拉雅高山峻岭里的灵异物，他那深邃的眼神、疾驰的步伐、轰然的袭击，似乎在提醒着人类，他们并不孤单。雪人之谜，既让人难以置信，又不得不信，寻找雪人的脚步不会停止。

西诺亚洞"魔潭"

地/心/的/魅/力

> 西诺亚洞内的玄妙之处就在那汪深潭，并不宽阔的潭面上空杜绝一切物体飞过，无论飞鸟抑或石头，都无法从深潭的此岸到达彼岸，唯有扑通一声坠入潭中。

心跳瞬间

总有那些让人无法理解的现象困扰着人类脆弱的心灵。

西诺亚洞，非洲津巴布韦境内一处著名的古人类穴居遗址。远古的先祖在此繁衍生息，千万年间，留下了玄妙的信息。

西诺亚洞内一明一暗两个子洞间的一汪深潭晶莹剔透，宛若一块巨大的蓝宝石镶嵌在石洞底部。深邃的潭水距洞口数十米，周遭洞壁直上直下，湿润冰凉。洞壁上凿有透穴，与明暗两洞遥遥相望，颇有生趣。清澈的潭水从石洞下部的穴口缓缓流出，绵延成一条长达15千米的地下河。

西诺亚洞内的玄妙之处就在那汪深潭，并不宽阔的潭面上空杜绝一切物体的飞过，无论飞鸟抑或石头，都无法从深潭的此岸到达彼岸，唯有扑通一声坠入潭中。有人为了验证潭中是否确实存在神秘引力，专门拿来枪械，想用飞速的子弹打破传言，结果射出的子弹就像着了魔似的，直直地溅落潭中，空余流水之声。

科学家推测是巨大的地心引力在作怪，那为什么潭水还在流动呢？有人戏称魔潭是对万有引力定律的挑战，若真如此，那天堂里的牛顿会不会给惊醒呢？

INFORMATION

🏛 地理位置
非洲津巴布韦

🗺 神秘指数
★★★★

巴黎地下墓穴

到/这/里/来/看/死/亡

> 繁华下的幽冷，如此直观，巴黎地下墓穴，无论你转向何方，面对的都是冰冷的死亡。

心跳瞬间

香艳的巴黎除却流光溢彩、歌舞升平，也在诠释着生死。巴黎第十四大区每一寸土地似乎都充斥着厚重的死亡气息，600万无名无姓的累累白骨是潮湿阴冷的地下唯一的色彩。这个巴黎曾经的公共墓穴，会让你不由得忘记人的尸骸曾经是血肉之躯、灵魂载体。

地下墓穴延绵187千米左右，贯穿整个巴黎。现在，只有很少一部分对公众开放，但这很短的一段也足以挑战来人的每一根神经，任谁也不能安然地从这几百万人的骸骨中穿过。墓穴狭窄的甬道完全由人体骸骨堆叠而成，就像整整齐齐的柴火堆一般。大腿骨作为墙的支架，碎骨头将缝隙填满，头骨则成为尸骨墙的花边。绿色的蘑菇像幽灵般生长在潮湿的尸骨上，顺墙而下的水珠释放着腐烂的味道。

繁华下的幽冷，如此直观，巴黎地下墓穴，无论你转向何方，面对的都是冰冷的死亡。古罗马僵尸军团和吸血鬼实在与巴黎地下墓穴气质相符，欧洲众多的地下恐怖小说也许都源于此地吧。

入夜，诡异的地下警察巡视着每一处尸骸，无名无姓的他们，灵魂在巴黎上空游荡。

INFORMATION

🏛 地理位置
法国

🗺 神秘指数
★★★

大地玄机——最具争议的24处地球秘境

❋ 白骨堆砌的墓穴，每一步都让人不寒而栗。

墨西哥"寂静之地"

无/声/胜/有/声

> 无法想象，电磁波到了这里会消失得无影无踪；无法想象，罕见的陨石这里遍地都是，流星雨几乎天天可见；无法想象，飞机的导航系统在这里成为摆设；更无法想象，当地居民对不明飞行物已经见怪不怪……

心跳瞬间

INFORMATION

🏛 **地理位置**

墨西哥

🗺 **神秘指数**

★★★

漫天黄沙，毒辣的太阳，褶皱般的土地，此类荒芜之地总会发生一些人类理解不了的神奇事件。最为神秘的便是墨西哥北部杜兰戈州的"寂静之地"。

1966年，勘探队在这里进行野外作业时意外发现所有通讯遥控设备都完全失效，遥远的消息根本无法进入该地，"寂静之地"也由此得名。其实此地远比"寂静"更为神秘。1969年，一颗流星进入大气层燃烧解体，其中最大的一块突然改变飞行方向，直直地向"寂静之地"飞去。

无法想象，电磁波到了这里会消失得无影无踪；无法想象，罕见的陨石这里遍地都是，流星雨几乎天天可见；无法想象，飞机的导航系统在这里成为摆设；更无法想象，当地居民对不明飞行物已经见怪不怪……三个头的羊、恐怖的天气、各种古生物化石等等，墨西哥"寂静之地"并不简单。

科学家多次深入考察发现该地电磁横波传播正常，但是纵波却被完全屏蔽，"寂静"有了原因。是什么将纵波完全屏蔽的呢？至今无解。有人推测，地下一定有个巨大的强磁场，也有人猜测，地下是外星人储备能量的仓库。

猜测终归是猜测，"寂静之地"沉默地保守着秘密。

✦ 难以解释的奇怪现象让我们陷入了无尽的沉思。

THE TRICKY OF EARTH

哥斯达黎加大石球

"天/体"/迷/云

> 林海茫茫，矗立在参天大树间的哥斯达黎加大石球沉默无语，遥远的夜空星光点点，它们之间真的有联系吗？

心跳瞬间

关于远古石球，各国都有所发现，但是唯独哥斯达黎加大石球别具一格，没有人知道这些石球从何而来。最早的石球出现在公元400年，而今遍布在哥斯达黎加的石球统计在册的就达130个，而未记录在案的不计其数。

当地人戏称它们为"巨人玩的石球"，倒也形象。大大小小的石球其完美的球体上光可鉴人。圆浑的球面上雕刻有精美的几何图形，有三角形、相交直线、斜线等等。最小的石球直径不过10厘米，最大的直径达2.4米，数吨重。有的石球推土机都推不动。这些石球总是成群出现，每次出现都至少20颗石球，它们被摆放成不同的图案，三角形、弧形、直线……令人吃惊的是所有图案不约而同地指向地球的磁北方向。

蜂拥而至的考古学家如获至宝，却陷入僵局。他们唯一能肯定的，便是这些石球是人为雕刻，因为石球表面各点的曲率几乎完全一样。只有具备丰富几何学和高超雕刻技术的人才能完成。印第安人创造了伟大的文明，但是在远古时期能够打磨如此硕大的石球绝非易事，单单让这些重达几十吨的石块转动起来就已经是天方夜谭。谜一样的石球是由漂亮的花岗岩雕刻而成，但是哥斯达黎加附近并没有花岗岩采石场。这些来自远方的石块又是怎么被运到这里的呢？远古印第安人用什么工具将其雕刻的呢？为什么要摆放成不同的几何图形呢？它们做什么用途的呢？学者也是一头雾水。

林海茫茫，矗立在参天大树间的哥斯达黎加大石球沉默无语，遥远的夜空星光点点，它们之间真的有联系吗？

INFORMATION

🏠 地理位置

哥斯达黎加

🔲 神秘指数

★★

✤ 有人推测，巨大的石球象征着太阳和月亮，用来摆放在墓地两侧。有人认为这是当地印第安人的图腾，典型的太阳崇拜。当地土著人则坚持认为，巨大石球属于天外来客，因为在他们口口相传的历史中曾有宇宙人乘坐球形飞船降临这里。

格拉斯顿伯里突岩

西/方/的/乐/土/岛

> "神秘的格拉斯顿伯里突岩，亚瑟王的长眠地，圣杯传说的舞台，精灵界与人类界的联结点，西方的乐土岛。"

心跳瞬间

高突起的格拉斯顿伯里突岩，是英格兰最神秘的地方之一。无数的人蜂拥而来，只为亲临那神秘的理想国。

格拉斯顿伯里突岩最大的神秘之处就是亚瑟王的遗体是否埋葬在格拉斯顿伯里。亚瑟王——英国圆桌骑士团的首领，一位神话般的传奇人物，他死后被同母异父的姐姐莫甘娜带到了格拉斯顿伯里，圣剑归还给了湖中妖精，遗体则深埋于阿瓦隆的庭院里。传说亚瑟王并未死，而是沉睡，只要英格兰陷于存亡危机、水深火热之时，他便会从阿瓦隆的长眠中觉醒过来，去拯救自己的祖国。阿瓦隆，便是格拉斯顿城堡，也是传闻中耶稣随约瑟来到英国时所到的岛屿。那是一个海洋深处的小岛，四周被沼泽和迷雾所笼罩，象征着来世与身后之地。据说，也只有亚瑟王能在死后抵达这里，其他人是无力企及的，因此这里也被视为只可遥望而不可抵达之地，成为人们遥远的理想乡。

这个地方同时也是圣杯传说的舞台。传说耶稣在最后晚餐时用的圣杯，被约瑟带到了这里。耶稣被钉于十字架时，这支杯子因装过上帝的鲜血而变得神圣，因而被称为圣杯。也正因此，圣杯成为神圣之物，争抢之物，多少人妄图据之所有而丧失了性命！据说，圣杯就藏在格拉斯顿伯里突岩的圣井里。在埋葬圣杯的地方，有一股发红的泉水源源不断地向外流，这象征着基督的圣血从圣杯里流出来，源远流长，后来人们把流水的地方称为"圣杯井"，相传喝了井里的水，百病全无。一股股的红泉水至今仍从井里流出，吸引着世界各地的信徒前来寻求那能治百病的圣水。

亚瑟王的神奇传说与圣杯的故事共同结合，让格拉斯顿伯里突岩充满了神秘色彩。这里是精灵界与人类界之间的联结点，也是西方的乐土岛。

这个地方同时也是圣杯传说的舞台。传说耶稣在最后晚餐时用的圣杯，被约瑟带到了这里。

THE TRICKY OF EARTH

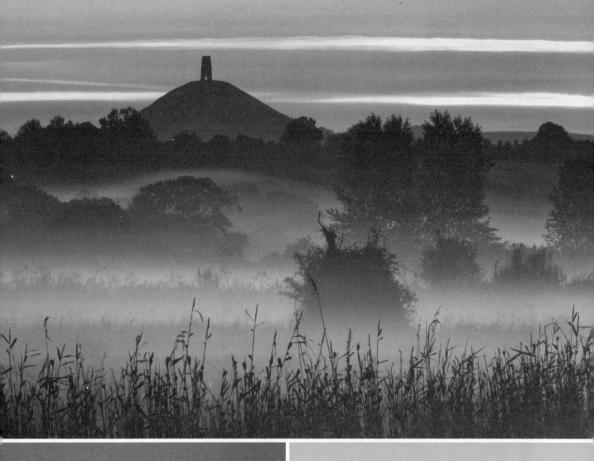

传说亚瑟王也一直在寻找着圣杯，因为他相信拥有圣杯，也就拥有了无穷的智慧和力量。那亚瑟王的传说与圣杯传说有没有联系呢？圣杯真的有如此大的能力吗？

卡什库拉克山洞

背/后/的/目/光

> 凡是进入山洞的人，都会感到莫名的恐惧，心跳加速，呼吸紧张，随后失去理智般冲出山洞。待清醒过来，却无法解释自己的行为。

心跳瞬间

卡什库拉克深处到底藏有什么呢？

有人说，西伯利亚地区是被上帝遗忘的地方，不宜前往，诚然如此。西伯利亚地区的卡什库拉克山洞就充满了令人畏惧的神秘气息。凡是进入山洞的人，都会感到莫名的恐惧，心跳加速，呼吸紧张，随后失去理智般冲出山洞。待清醒过来，却无法解释自己的行为。

1985年，洞穴专家巴库林带队到卡什库拉克山洞考察。当准备离开洞穴时，巴库林突然感到背后有一道凝重的目光在盯着他，他想回头，双腿却变得僵直。他仿佛感到自己被某种力量催眠，冥冥中在听从别人的摆布。当他克服控制回头看时，一个巫师一样的家伙站在他的身后，神情专注地望着他。巴库林发疯似地拽着保险绳才逃离洞穴。此后巫师形象总是出现在巴库林梦中，久久不能离去。

同样的情形也出现在其他考察队中，越来越多的相同描述使人们对卡什库拉克充满了好奇和畏惧。当他们进入洞穴深处时，惊奇地发现洞穴的磁场信号是经常变化的，而在众多的信号中有一个固定的脉冲。这个信号来自洞穴深处，就是这个信号引起了人们的恐慌，越往洞穴深处信号感越强烈。

当人们认为总算找到原因时，却发现这个脉冲并非地球岩石天然形成，具有这种振幅变化的脉冲只有人工装置才能发出。那人工装置安置在哪里呢？探险队找遍了卡什库拉克山洞所有的角落，没有任何收获。巫师更是见不到踪影。

INFORMATION

🏛 **地理位置**
俄罗斯

🗺 **神秘指数**
★★★

格雷姆岛

幽/灵/般/出/没

> 海岛冰轮实为美景，只是并不是所有的岛屿都喜欢与冰轮相映，格雷姆岛更喜欢玩'幽灵'。

心跳瞬间

岛冰轮实为美景，只是并不是所有的岛屿都喜欢与冰轮相映，格雷姆岛更喜欢玩"幽灵"。

1831年7月10日，格雷姆船长率船于西西里岛以南海面遭遇莫名事件。那片水域突然沸腾起来，滚滚波涛汹涌澎湃，刹那间水汽遮天蔽日，闷雷般的轰隆声不时从海底传来。船只随着浪涛不停地摇晃，大约持续了20分钟才稍有平息。正在大家喘息之际，一股烟柱冲天而起，巨浪排山倒海般砸来，蘑菇状的气云挂于半空，整片海域耀眼瑰丽。沸腾的海水持续了一整夜，待一切平静后，海面布满了各种海洋生物的尸体，很明显它们被海水煮熟了。无疑这是一次海底火山爆发。

随后便是一个世纪的争论。因为一个小岛在火山爆发后诡异地出现在这片海域，这就是著名的格雷姆岛。初时小岛不过几米高，一个星期的时间，小岛就高出海面20多米，一个多月后，已然变成一个周长近2000米、海拔60米的大岛。这个会长大的小岛引来周边国家的垂涎，纷纷宣布对格雷姆岛的主权。可正当外交官们为此争论个你死我活时，格雷姆岛在4个月后又毫无迹象地消失了，只留下这片碧波万顷的海域。一个世纪后，格雷姆岛又重现天日，于是外交官们又有事可做了。不过格雷姆岛没有等待出结果，于1950年又悄悄消失，真成了无可言说的"幽灵岛"。

INFORMATION

地理位置
地中海

神秘指数
★★

❀ 巨大的爆炸究竟因何而起，是个未解的谜团。

西伯利亚通古斯

神/秘/的/爆/炸

> 这是人类历史上最大的爆炸，近乎一场毁灭。

在 1908年6月30日这一天，伦敦的电灯骤然间全部熄灭，斯德哥尔摩夜空七彩纷呈，荷兰夜晚如白昼，美国大地在震颤……这一切都因为西伯利亚通古斯地区突如其来的爆炸。

北纬60°55′，东经101°57′，当地时间7时17分，朝霞普降之际，一声山崩地裂般的声音炸响了，大地在晃动，随后一个圆柱状蘑菇云腾空而起，强烈的热浪扑倒了周边所有的植物，参天大树被连根拔起，几千平方米瞬间化为灰烬。灼热的气体在空中游荡，60千米外的小城成为废墟。爆炸引起了强烈的地震波，一直传到了遥远的北美和中国南海。据当时科学家初步推测，西伯利亚通古斯爆炸的能量相当于500颗原子弹或者几十颗氢弹同时释放的威力。爆炸后整整三天，通古斯地区没有出现黑夜，太阳射出绿色和玫瑰色光芒，令人畏惧。

能量如此巨大的爆炸因何而起的呢？各国科学家探讨了百年，依然没有得到令人信服的答案。很多科学家认为通古斯大爆炸显然是一次核爆炸，爆炸时冉冉升起的蘑菇云就是最好的证据。况且在其后的检测中发现该地区爆炸后的放射性物质含量明显高于其他地区，当地生物的遗传特性也遭到了篡改。但是当时地球上还没有出现原子弹，也不知道铀元素的存在。那么何来的核爆炸呢？

有学者认为，是从天而降的大陨石造成了巨大的核爆炸。科学家库利克耗时10年致力于此，爆炸时夜晚如白昼恰恰符合陨石坠落的迹象。遗憾的是，库利克期待的陨石坑并未找到。通古斯爆炸的中心很容易确定，被击倒的树木都指向了同一个地点。但是在这个地点并没有发现陨石坑的痕迹，一片荒芜的沼泽死一般地躺在那里，毫无生机。

巨大的蘑菇云腾空而起，把这里的真相也带入了空中。

目击者声称，爆炸最初的亮光来自贝加尔湖上空，然后迅速从东南移至西北，很像人为操控的，由此有学者认为也许是一艘核动力宇宙飞船，仪器失灵，迫降失败引起核爆炸。那么为什么一点飞船残骸都找不到呢？

"微型黑洞说""地球内部核强爆说""天然气田爆炸说"……各种学说众说纷纭，但都没有充足的证据。这是人类历史上最大的爆炸，近乎一场毁灭。而今如地狱般的通古斯人迹罕至，那是一处禁区。

在天空之上是否真的有一位权能者操控着这一切？

美国51区

X/档/案

66 X档案中那处神秘又模糊的地方，让男女主人公数次走近又瞬间迷失的地方就是传说中的美国51区。漫天的传言，神秘的引爆，巨额的经费，坚决的否认，51区注定是美国军方最大的秘密。99

心跳瞬间

X 档案中那处神秘又模糊的地方，让男女主人公数次走近又瞬间迷失的地方就是传说中的美国51区。漫天的传言，神秘的音爆，巨额的经费，坚决的否认，51区注定是美国军方最大的秘密。

51区距离赌城拉斯维加斯只有两个小时的车程，长期以来都是世界UFO爱好者和美国批评人士希望了解的地方。表面看来，51区倒不像一个典型的军事基地反而更像好莱坞科幻电影中的场景。大型的飞机机库、储存仓库，数条飞机跑道，一座空中交通管制天线，简单地组成了51区144平方千米的主要结

这是个隐藏着巨大秘密的地方。

THE TRICKY OF EARTH

构。值得注意的是，其中几个飞机仓库异常巨大，屋顶都被漆成了白色。空中交通管制天线高达45.72米，长方形底座长达121.92米，可谓庞然大物，而今它已然成为51区的标志。

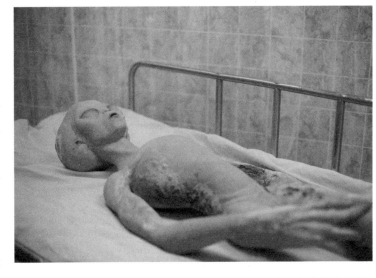

对于51区，美国军方一直矢口否认。作为美国土地上保密程度最高的一块地盘，这一地区并没有标示在美国地图上。为了掩人耳目，美国军方耗费巨资购买了51区周围近9000英亩的土地，将其设为军事禁区，禁止任何人或组织靠近，包括它的上空。内华达州民用航空图标注了大片的禁飞区，却没有任何相关说明。任何有关该区的图片、照片都不得外露。直到1994年美国军方才稍有松口，但是只承认此处为军事基地，有关该区因何而设、从事何种试验却拒绝透露。后来当时的美国总统命令收回州政府对51区的管理权限，51区直接归美国政府和五角大楼管辖。

✦ 传说中的外星人是否真的就是如此呢？

美国普通民众大多是从好莱坞电影中了解51区的，由此他们坚信该区域一定存在绝密技术。而居住在51号区域附近的人们几乎每人都表示在自家后院看到了球形、三角形或者飞盘型的不明飞行物。巨大的轰鸣声让他们寝食难安，而当他们向51区抗议时，这些奇怪的声音就会神秘消失。

狂热的UFO爱好者每年5月30日都会来此聚会，他们对于51区和外星人深信不疑，尤其是所谓的"绿屋"。"绿屋"被认为就在51区，冰冻的外星人尸骸、破碎的飞船就在其中。X档案中"绿屋"数次出现，但是真相总在即将揭示时戛然而止。据说每一位新上任的美国总统都会前往参观。

几十年来，51区一直困扰着美国民众，无数次辩论会（具有法律责任的）总是不了了之。美国政府到底在51区做什么？真是一部无解的X档案。

INFORMATION

🏔地理位置

美国

🔢神秘指数

★★★★

瓦史斯瓦科伊镇

树/叶/中/的/宿/命

INFORMATION

🏛 **地理位置**
印度

🗺 **神秘指数**
★★★

你相信命运吗？你会走入寺庙去占卜未来吗？你是否认为当你第一声啼哭后人生就已经被确定了？如果有人告诉你世界上有一片属于你的树叶，上面写有你的人生时，你会相信吗？

相传2000年前，几位印度神仙就已经掌握了全世界人的命运，他们将这些天机写入了飘零而下的树叶。1200年前这些不可亵渎的树叶被藏于印度瓦史斯瓦科伊镇中的庙宇，他们需要尘封上百年才能向世人昭示。600年前在瓦史斯瓦科伊镇，神秘的树叶重现天日，瓦史斯瓦科伊镇的读经师们得以接触天机，并用这种古老的范本解读着过去和未来。

并不是每一个人都能看到自己的未来，只有经过精心挑选的人才能看到整个解读过程。读经师严肃地说道："只有恰好在这个行列，树叶上才会写有神秘的文字。"这些树叶上的神秘文字被翻译为诗歌在瓦史斯瓦科伊镇传唱了千年。

这确实是一件很玄妙的事情，难道我们的命运在2000年前就已经被写在了那薄薄的树叶之上？美国人罗伯特感觉这一

❧ 命运本身就是一件玄妙的事情。

72

切过于神秘，他决定一探究竟。走入瓦史斯瓦科伊镇的寺庙，读经师请他沐浴更衣，并通过他的拇指指纹找到了关于他的神秘树叶。罗伯特在被选择的行列中。奇妙的事情发生了，当读经师展开那已经干枯的树叶时，罗伯特仿佛看到了自己的出生和死亡。树叶上的文字就像蝌蚪，密密麻麻地布满了叶面。读经师讲述了罗伯特的生活：一名音乐指挥家，父亲是菲利克斯，母亲是爱雅。结过一次婚但是离异了，而现在的婚姻生活很幸福。现在罗伯特正在努力建设一所音乐学校，他希望通过创作新的音乐来治疗人们的伤痛。读经师还告诉罗伯特他会成功的，他会受到大家的欢迎。"太不可思议了。"罗伯特对于读经师的讲述十分吃惊，因为所有的信息都完全正确，包括罗伯特的家庭和爱好。怀疑被打破，唯有一声感叹。

再过100年，写有天机的树叶将变成黑色，再也读不出任何人的命运。在这之前，瓦史斯瓦科伊镇的读经师们还会为被选中的人解读着他们的命运。

那一片片蕴含你终身秘密的树叶，你会去请求解读吗？

古老的印度有着神秘的文化，能解读命运的叶子真是匪夷所思。

圣塔柯斯镇

移/位/的/重/力

> 圣塔柯斯小镇是一个创造'武林高手'的圣地，飞檐走壁瞬间可会。走入神秘地带中心的小木屋，人会不由自主地向左倾斜。

心跳瞬间

INFORMATION

🏛 **地理位置**
美国

🗺 **神秘指数**
★★★

坐落在神秘北纬30°之上的圣塔柯斯小镇不过弹丸之地，却足以挑战伟大的牛顿及伟大的万有引力定律。树动林吟，神奇地带被层层林木包围，气氛悚然。木栅门上"神秘地带入口处"的字样提醒你此处会将定理推翻。诡秘树林中两块魔板石、两座神秘的小屋、奇异的怪坡……处处令众多科学家为之困惑。

两块外表普通的大青石，能瞬间将人的身高缩短、变长，仿若哈哈镜一般。两个身高相同的人分别同时站在两块魔板石上，一个骤然高大威猛，一个立马矮小瘦弱。但是无论如何测量，两人身高却毫无变化。难道是人的视觉差错？

这里林木茂盛，却像刚被飓风扫过一般，统统向着同一个方向大角度倾斜，古今未变。这里所有的物体都在向万有引力发起挑战，从不与地面保持垂直。就连从天而降的物体，也是飘飘然斜着下来的。走在斜坡上，人与斜坡基本保持水平，快步如飞的过程中连自己的脚都无法看到。随意放置在木板上的小球不会向水平低的方向滚落，而是逆势而上。

圣塔柯斯小镇是一个创造"武林高手"的圣地，飞檐走壁瞬间可会。走入神秘地带中心的小木屋，人会不由自主地向左倾斜。可以毫不费力在墙壁屋顶走上走下，不用担心马失前蹄。

也许这就是大自然吧，偶尔调皮地搞些恶作剧。那科学呢？不得不令人陷入沉思。

✿ 打破万有引力定律的现象让人唏嘘不已。

THE TRICKY OF EARTH

巴图岩洞 *Batu Caves*

魔/力/之/源

　　对于信仰宗教的人来说，他们认为信仰能够给自己带来超凡的能力，使人无所不能。一个远古的洞穴——巴图岩洞，就被认为具有赋予人巨大魔力的力量，受到了无数信徒的膜拜和推崇。

　　巴图岩洞是由马来西亚吉隆坡城外热带雨林中的三座石灰岩洞组成的。这里是印度教力量之神木鲁刚的居住地。成千上万的信徒从四面八方聚集而来，祈求神灵的庇护。为表示对神的感恩和赎罪，信徒们开展了多种多样的宗教活动。其中有一种用类似长矛的物品自残身体的活动引人瞩目。那些竞技者用针刺穿身体，或者用钩子插入后背拖动汽车，在他们的脸上看不到痛苦，而且也没有鲜血流出体外。人们对此百思不解。莫非神真的给予他们如此神奇的力量而感受不到痛苦？科学家对此解释说：并不存在什么所谓的魔力，而是信徒们在精神恍惚的状态下感受不到痛苦而已。但是对于那些参加赎罪仪式的人来说，他们坚信是巴图岩洞创造的奇迹。

　　在这种奇异的宗教仪式面前，科学也束手无策，没有办法解释清楚其中的缘由。

爱尔兰丹谟洞
Ireland Dunmore Cave

血/腥/的/宝/藏

　　臭名昭著的、比猎狗更为敏锐的盗墓者，挖掘了一个又一个人类文明遗迹，但是有一个地方却让所有盗墓者不寒而栗。这个地方就是爱尔兰丹谟洞，一个隐藏着巨额宝藏的场所，更是一个充满了血腥的地方，一个通向地狱的入口。

　　夜幕降临了，无边的黑暗笼罩着丹谟洞，阵阵阴风袭来，阴森恐怖、似乎有

惨叫声从遥远的深处传来，极度痛苦地"啊、啊"地惨叫着，这叫声不是一人的惨叫，而是数以千计人的惨叫，好似来自于地狱深处。丹谟洞，1000多人的葬身之地，爱尔兰最黑暗的地方，它记录了一次惨无人道的大屠杀。

公元928年，一群挪威海盗洗劫了爱尔兰，1000多居民为了逃命集体躲到了丹谟洞里，这是一个巨大的溶洞，洞里地形复杂，又因入口太明显，自认为绝佳的藏身之地变成了葬身之所。海盗很快发现了洞中藏人的秘密，一场血腥的大屠杀便就此开始了。海盗进入洞中，把所有发现的人都杀死了，然后守在洞口半个月，当场未死的人都因感染或饥饿而死。之后的1000多年里，丹谟洞成了爱尔兰的"地狱入口"，再没有一个人敢进入洞中。

丹谟洞，这个悲惨的地方，一直沉默到1940年。骸骨，零散的、成堆的骸骨，有卧倒的、仰面的、侧躺的，奇形怪状。这些阴森的骸骨，多半是妇女和老人的，甚至还有未出世胎儿的，这种悲惨的景象深深地震撼了人们。故事到这里还没有结束。这里不仅有着黑暗的历史，沉默的洞穴中还隐藏了永恒的宝藏。

突然，洞壁的狭缝中发出闪闪绿光，洞壁上怎么粘着绿色的纸片？难道是废纸？其实那根本不是什么纸片！那是一个镶嵌着绿宝石的镯子！人们越来越好奇，丹谟洞里竟然埋藏着宝藏！随之，几千枚古钱币，一些金条、银条和首饰，另外还有几百枚银制纽扣陆陆续续被挖掘出来了。有一些工艺品和纽扣的样式十分古怪，在所有和海盗有关的文物中都是独一无二的。经过几个月的精心雕琢，封存了千年之久的艺术品和钱币终于重现夺目光彩。虽然宝物数量不是最多，但其历史价值和考古价值远远超过其本身价值。现在，在丹谟洞中被杀害的人终于可以安息了，他们为之丧命的财宝现在已成为爱尔兰的国宝，将永远聆听世人的惊叹和赞美。

爱尔兰丹谟洞，地狱入口，宝石闪耀，血腥绿光。

屠杀与宝藏并存的丹谟洞留给人们无限的想象空间。

绝版地球

——最不可思议的15处地质奇观

Mystic Zone

骷髅海岸

地/狱/一/角

66 骷髅海岸，折断的船体是它唯一的伴侣；沿岸荒漠，一轮明月投下阴森诡异的倒影，曾有的希望在海浪与狂风的咆哮声中愈发虚幻。这里有海市蜃楼，但就不该有幻想。99

瑞典生物学家安迪生在1859年走进骷髅海岸，立刻大喊："我宁愿死也不要流落在这样的地方。"这里折断的船体是它唯一的伴侣；沿岸荒漠，一轮明月投下阴森诡异的倒影，曾有的希望在海浪与狂风的咆哮声中愈发虚幻。这里有海

残破的船体是这里亲密的伴侣，恐怖的气氛不言而喻。

市蜃楼，但就不该有幻想。

骷髅海岸位于纳米布沙漠和大西洋冷水域之间，纳米布沙漠是世界上最为干旱的沙漠之一，烈日每日煎烤着这里的每一寸土地。近500千米的海岸异常荒凉，本应美丽的金色沙丘充满了褶皱，斑驳的痕迹仿若哭泣的老人。阴森的气息令人不寒而栗。沙丘之间的海市蜃楼闪闪发光，亦真亦

幻，那是骷髅海岸最美的时光，也是对生命的最大讽刺——一边给人生的渴望，一边夺取人的生命。

滔天的大浪泛着白色的泡沫，猛烈地拍打着海岸沙滩，夹杂着无数碎小石砾一遍遍洗刷着沙滩。无边无际的海风不停地呼啸而过。当地的土著猎人称这种来自海上的风为"苏乌帕瓦"，这是一种不祥的风。风来时，海岸上的沙丘迅速向下坍塌，无数沙砾之间因摩擦而发出巨大的咆哮之声，轰隆隆的就像来自地狱的吼声，也许，这就是来自地狱的挽歌吧！为那些走进骷髅海岸的人奏响的灵魂之歌。

这里是生命的禁区，只有羚羊和沙漠象才敢进入。骷髅海岸遍布各种飞机和沉船残骸，因失事而破裂的船只残骸，至今依然杂乱无章地散落在骷髅海岸，没有人敢前往为他们收拾残局。骷髅海岸处处杀机重重，八级台风、交错的水流、来去无常的海雾、莫名出没的暗礁，使得众多船只在此无故沉没。但是仅仅这些还不能称之为骷髅海岸。人类的骸骨、零落的飞机碎片，骷髅海岸为何频频杀人于无形？这里一定有一些不为人知的事情。无数个案例证明了骷髅海岸原因不明的风险。

1933年，瑞士飞行员诺尔从开普敦飞往伦敦，飞机莫名失事坠落在此，而诺尔的骸骨至今下落不明。骷髅海岸因此得名。记者随后纷纭而至，都无功而返，徒添了骷髅海岸的名气。

🌸这里充斥着阴郁的气氛，像一把利刃刮剥着人的心灵。

* 绝版地球——最不可思议的15处地质奇观 *

INFORMATION

🏔 地理位置
纳米比亚

🔱 神秘指数
★★★

1942年，英国货船"邓尼丁星"号触礁沉没，3名婴儿和一些船员乘坐救生艇登上骷髅海岸等待救援。数架飞机、几艘救援船、大型轮船等等从各地赶往出事地点救援。救援历经4个星期，堪称历史上最苦难的一次救援。遗憾的是，找到的大多为遇难者尸体，生还者寥寥无几。一艘救援船在救援中触礁，导致三名船员遇难。被救者大多神志恍惚，语言不清，没有一个人能清晰表述他们的遭遇。

骷髅海岸最为无解的是12具无头骸骨。1943年，骷髅海岸被发现有12具无头骸骨横卧在一起，不远处还有一具儿童骸骨。一块已经风雨斑驳的石板上写着一段话："我正在向北走，前往96千米处的一条河。如有人看到这段话，照我说的方向走，神会帮助你。"这段话写于1860年，那个年代有谁会来到这里，他又是如何到达这个荒无人烟的地方呢？这些遇难者来自哪里，他们是谁，为什么会如此惨烈的暴尸海岸呢？他们的头颅去了哪里，是谁残忍地割下了他们的头呢……

许多勇敢的探险家在骷髅海岸留下了足迹，却都发誓永不再来，不只是因为畏惧，单单无情的风声已经封锁掉了人类一切的好奇心。骷髅海岸是地狱的一角，没有人敢轻易去冒犯。

骷髅海岸的风沙在继续，那掩埋其中的残骸，无人知晓他们的秘密。

✤一些失事船只的幸存者爬上了骷髅海岸，本以为能够顺利等待救援，结果却被这里的风沙活活折磨致死。骷髅海岸仿若拒绝生命的进入。

ONLY ONE EARTH

雅丹魔鬼城

天/若/有/情/天/亦/老

> '天若有情天亦老，人间正道是沧桑'，如若万物皆有生命，雅丹魔鬼城那森森白骨之上片片岁月的残骸想必早已老去。

心跳瞬间

漫天的狂风卷着滚滚黄沙凄厉地呼啸着，犹如魔鬼出没一般。"西出阳关无故人"，本已灰暗的心面对此情此景却有了一种生命激扬之感，玉门关外的雅丹魔鬼城，有着魔鬼般的恐怖面容，也展示着生命的苍凉与悲壮。

雅丹地貌是沧海桑田最好的见证，千万年前湖泊荡漾、密林高耸，而今除却黄沙没有一滴清水。如能工巧匠般的风将泥沙戈壁雕刻成千姿百态的"城池"，"魔鬼城"就出现了。中国西部雅丹地貌独居世界之冠，而雅丹魔鬼城更是其中翘楚。与其他雅丹地貌相比，其规模远远超过了教科书中的定义，举世罕见。一座座土黄色的"古城堡"耸立在青灰色的戈壁上，蓝天白云下分外妖娆。戈壁沙浪波涛翻涌，"古城堡"就像无数岛屿矗立在汹涌的海面上，海走山飞，气势如虹。

雅丹魔鬼城最低处也有5米，最高点可达30米，点点鬼影洋洋洒洒几百米。远观其貌，像极了中世纪颓废的古城。这座风沙雕刻的城市，城墙蜿蜒，小道穿插，宫殿巍峨，广场宏大，危台高耸，垛堞分明……可谓一步一角色，一里一洞天，起伏变化间惟妙惟肖。留心观察，世界上所有的著名建筑都可以在这里找到缩影，不论北京天坛、西藏布达拉宫、巴黎凡尔赛宫、埃及金字塔，还是莫斯科红场、埃及狮身人面像。你看它

✿变幻莫测的魔鬼城有千万张面孔等待你的到来。

INFORMATION

🏯 **地理位置**
中国新疆

🗝 **神秘指数**
★★

周遭沉寂无声，仿若来到荒芜的火星。

像什么，它就是什么，其中玄妙实在值得琢磨。

　　为何雅丹魔鬼城能聚集如此众多的"名胜古迹"？很多学者显示出了研究兴趣，当一切纯属巧合时，也许确实有奥秘存在。可惜研究无法推进，因为没有任何证据能推翻雅丹魔鬼城是自然之物。自然是雅丹魔鬼城的建造者，不需要设计，不需要计划，千百年来随意涂抹雕刻，就能将世人完全征服。

　　走入魔鬼城，在奇形怪状的土丘间，人突然就会想要逃离。这里干涸的地面没有一丝生气，黑色戈壁上寸草不生。侧壁而立的土丘清晰可见沉积的层理，举目可见处都是纵横交错的土丘残骸。对于雅丹魔鬼城而言，有人喜欢它的化腐朽为神奇，有人偏爱它的沧桑味道，有人钟情于它呈现出的生命质感。"天若有情天亦老，人间正道是沧桑"，如若万物皆有生命，雅丹魔鬼城那森森白骨之上片片岁月的残骸想必早已老去。

　　雅丹魔鬼城鬼脸一日三变。明媚阳光下，雅丹魔鬼城一片澄净，硬朗的线条间散发着阳刚的气质；正午时分，戈壁旋风卷起几柱"大漠孤烟"，轻飘上九霄，海市蜃楼渺渺翰

海似有似无，仿佛整个雅丹魔鬼城都浮于其上；斜阳西下，如血残阳下，雅丹魔鬼城一抹金黄，一会儿又是橘红，浓烈的色彩几分神秘几分威严。入夜，一座座嶙峋的土丘在地上投下长长的阴影，乍然望去，犹如幢幢鬼影穿梭城中，令人脊背发凉。"魔鬼"也有安静的时候，冬日白雪覆盖下，魔鬼城内出现了无数个童趣盎然的"雪人"，像孩童般甜蜜地熟睡，梦里是不是在和魔鬼打仗呢？

苏醒的魔鬼是可怕的，当雅丹魔鬼城内狂风大作时，天地变色，地动山摇。狂舞的飞沙四处冲撞着，呼啸声几里外都能听到，听着无不毛骨悚然。风沙共吼，有时似魔鬼狞笑，有时似孤魂野鬼哀号，有时如地府群鬼乱叫，有时如人之将死的绝望哭声……漫天黄沙遮天蔽日，魔鬼城此刻实如其名。一座不能靠近的地狱之城，一座令人生无可恋的绝望之城。毫不夸张地说，夜晚逢此情景，任英雄好汉也能吓破胆。

有人说只有走进雅丹魔鬼城，才能真正理解行走在天地间的感觉。诚然如此，打量着千百年来伫立于此的土丘，感同身受。雅丹魔鬼城是怪诞的，是玄妙的，又是真实的。深沉凝重的黑色戈壁上雅丹魔鬼城演绎着属于自己的暴力而粗野的传奇。

阴霾在魔鬼城上空盘旋，晴日的壮丽毫无踪影。雅丹魔鬼城的真谛就在这里。

艾尔湖 *Eyre lake*

无/水/盐/湖

　　世界之大无奇不有，南澳大利亚的艾尔湖当列其中。若以海拔而论，这片"水域"是澳大利亚大陆最低点，在海平面下16米；若以面积而论，艾尔湖是大洋洲最大的湖，也可以说是世界上最小的湖，因为它的面积并不确定。艾尔湖可以无影无踪，也可以浩瀚湖水碧波云天。从0~9500平方千米之间都可能是艾尔湖。

　　艾尔湖最不寻常之处在于这片水域中难得有水。据说，百年内艾尔湖只有4次水量完全充盈。这个区域年降水量不足127毫米，而年蒸发量高达2500毫米。当河流

从发源地向西流淌时，炎炎烈日已经带走了绝大部分水量，有时走到半路就没了水的踪影。只有天降暴雨，艾尔湖才会暂时水波荡漾，更多时候干涸的湖床上铺天盖地的盐壳才是湖中的主角。

湖水干涸时"盐湖"20厘米厚的盐壳在阳光下闪闪发光，白得耀眼。你会纳闷南澳风情中不该有此种景象吧？盐壳上小昆虫倏忽爬过的痕迹小巧可爱。偶尔可见的动物尸体干净真实。一小洼水中，垂死的小鱼做着最后的挣扎。在水和盐的交替中，艾尔湖更像一个无辜的孩童，被上天善意地捉弄。虽然如此，艾尔湖周边并不缺少水源。地下的大自流盆地源源不断地为这里供给着可用水。

艾尔湖另一神奇之处在于每百年4次的湖水渗透景象，这是艾尔湖最喧闹的时刻。当艾尔湖渗满水时，诸多动物蜂拥而至，二十多年一次的美食怎能错过。澳洲塘鹅、白海鸥、红颈鹬、高脚鸟及鸥嘴噪鸥，它们从遥远的昆士兰飞抵这片食物丰沛之地，繁衍后代。世界各地的游人也都来一饱眼福，据说艾尔湖中的水养颜美容效果非同一般。

每逢湖水渗透，地质学家、生物学家、海洋学家等都赶到艾尔湖，想探究这一神秘现象的成因。不同的解释和理由令人眼花缭乱，可惜谁都推测不出下次渗透的时间。也许突如其来的惊喜更值得珍惜吧！

艾尔湖的湖水和盐壳来来去去，没有人能说得明白。

INFORMATION

🏔 地理位置
澳大利亚

📊 神秘指数
★★

Chapter 03

＊绝版地球——最不可思议的15处地质奇观＊

※这片变幻莫测的湖就是如此善变。

神秘的洞穴隐藏了无数的秘密

猛犸洞穴

地/球/深/处/的/秘/密

> 没有人知道猛犸洞穴的终点在哪里，因为它还在不断延伸着自己的触角。也许正是这种未知的神秘，吸引了众多探险家前仆后继。
>
> **心跳瞬间**

INFORMATION

🔺 **地理位置**
　美国

🔲 **神秘指数**
　★★★

当人类愈加融入天空时，地球深处就愈加神秘。猛犸洞穴，地球深处最长的地下迷宫，就是对这句话的最佳诠释。走入猛犸洞穴，无尽的黑暗、稀薄的空气、无声的恐惧、汹涌的暗河、未知的支洞，时刻挑战着你信心不足的灵魂，束缚着你自由的身体，走入其中没有人知道下一秒会是什么。

这个与猛犸无关的地下迷宫，上下5层，高可达30米，拥有255个溶洞，77个地下大厅，8道瀑布。几百眼竖井纵横交

ONLY ONE EARTH

错，数条暗河穿洞而过，钟乳千姿百态。从被发现开始，猛犸洞穴的岩壁就写满了探险家的历史，在已知的600千米中，每一米长度的延伸都凝聚了血与泪。没有人知道猛犸洞穴的终点在哪里，因为它还在不断延伸着自己的触角。也许正是这种未知的神秘，吸引了众多探险家前仆后继。

猛犸洞穴深处更为神秘的是它洞中的生物。在洞中光线最好之地，几十种藻类、菌类、苔藓类植物铺天盖地，极具生命力。白日，猛犸洞穴岩壁挂满了硕大的印第安纳蝙蝠，层层叠叠令人毛骨悚然。入夜印第安纳蝙蝠周旋在猛犸洞穴中，当他们铺天盖地飞出觅食时，一轮明月下，仿若吸血鬼正在苏醒。

而在那茫茫黑暗中，200多种顽强的生灵繁衍生息，近1/3过着与世隔绝的生活。达尔文的自然进化论在这里得到了证明，由于常年看不到光明，猛犸洞穴里的生物在进化中没有了眼睛。地下914米，没有眼睛的肯塔基盲鱼悠然自得，几百万年来仅靠水中养分生存。据说第一个发现盲鱼的是一个黑人奴隶，他是跟着一条拴着绳的鱼到达那里的。遗憾的是，当他从洞中出来讲给别人听时，没有人相信他，更有人把他当作疯子看待。猛犸洞穴内的蜘蛛习惯了洞中冰冷的温度，不小心来到地面就会像炸弹一样自己爆炸。几千年的进化成就了这些神奇的生物，而人类的好奇又给它们带来了新的威胁。

历史上最先发现猛犸洞穴的印第安人对猛犸洞穴心怀感激，因为这是他们躲避白人追杀最好的避难所。为了逃命，印第安人在黑暗中沉默着，微弱的火把光亮在风中奄奄一息。

凡尔纳的《地心游记》描述了别样的地心世界，也许在猛犸洞穴深处真的存在。

❋ 身处洞中，各种恐惧的感觉一起涌出。

＊绝版地球——最不可思议的15处地质奇观＊

卡尔斯巴德洞窟

暗/战/蝙/蝠

> 黄昏时分，百万只蝙蝠从阴暗冰冷的洞窟中倾巢出动。在漫天黄沙的天底下呼啸而过，遮天蔽日。

心跳瞬间

望一下明媚的阳光，留恋下美好的人间景象，卡尔斯巴德洞窟漫天飞卷的蝙蝠是黑暗的使者，是勇气的宿敌。在深不可测、高不可攀的洞窟内一路蜿蜒而下，黑暗中与蝙蝠共舞，挑战的激情与未知的恐惧都达到了极致。迄今为止探测到的卡尔斯巴德洞窟最深处达305米，最大洞窟堪比14个足球场。洞穴上下3层一以贯之，气势令人悚然，完整而真实地展现着海陆变迁。

炫目的钟乳石、精致的石炭帷幕、华丽的洞穴珍珠，卡尔斯巴德洞窟像一座豪华的宫殿，孤独雄伟地屹立在黑暗之中。1200米长的巨室洞窟，高达85米，宽度近188米，周遭钟乳石幔顺势垂下，一道道光线下黄色、粉色、蓝色摇曳生艳。一根直径6米的石柱凌空拔起，就像祭祀的高台。偶有的微生物在黑暗中绽放着残留的光芒，星星点点间给人希望又令人畏惧。对于这里的生物我们只见其光而不知其形，它们集体分泌液体吃掉一切接近它们的生命。对于这里的居民我们所知更少，洞壁原始的岩画线条简单而粗犷，却犹如天外来客的痕迹。

黄昏时分，百万只蝙蝠从阴暗冰冷的洞窟中倾巢出动。在漫天黄沙的天底下呼啸而过，遮天蔽日。卡尔斯巴德洞窟最深处除了蝙蝠还未有人类的足迹。有人戏言其下或许直连大海，更有人干脆说其下自成世界，有吃人的怪兽……关于卡尔斯巴德洞窟的影片恐怖而悬疑，倒也符合。

绝美的钟乳石并不能掩盖卡尔斯巴德洞窟未知的危险。

绚丽多姿的钟乳石幻化出梦境般的景象。

艾伯塔恐龙公园

神/奇/身/世/之/谜

> 一个称霸地球又惨遭灭绝的神秘物种，一种混沌迷茫又充满狂热的远古探索，艾伯塔恐龙身世之谜，充满了疑惑，引人入胜。让我们走进那远古时代，探求神秘的恐龙身世之谜。

心跳瞬间

INFORMATION

 地理位置
　　加拿大

　神秘指数
　　★★

恐龙，一个6500万年前突然灭绝的物种，一个迷失在远古尘埃后面的千古之谜。地球，曾一度是它们的乐园，海陆空是它们的领地，其他一切动物都只能望而却步。然而，辉煌如过眼烟云，转瞬即逝，瞬间竟消失得无影无踪。地球霸主为何神奇灭绝？是地球的突然变冷，使它们耐不住寒冷，还是行星的撞击破坏了它们的食物链？迷雾团团，神秘疑惑。只有那千奇百怪的恐龙化石，向人类证明了它们曾经存在过，来到过这个神秘世界。

艾伯塔恐龙公园位于加拿大艾伯塔省西南角、布鲁克斯

四周的红鹿河岸，占地5965公顷，因数量丰富、种类繁多、保存完好的恐龙化石而闻名遐迩。这里地带狭长，地形奇特，丘岗遍布，沟壑纵横交错，形成石柱、山峰和重重叠叠的彩色岩层；这里平原、森林、灌木和沼泽混杂交错，河流曲折蜿蜒，草木繁茂浓密，飞禽走兽竞相攀缘奔跑；这里曾是地球霸主恐龙的快乐天堂、梦幻摇篮。6500万年前它们自由自在地生活在这里的陆地或沼泽附近，当死去时，其骨骼被新的层层泥沙掩埋。随着时间的推移，形成了化石，经过更长时间的演化，新的沉积盖住化石并把它们保存起来。

漫漫岁月，时光悠悠，在历史的长廊里，谁也逃脱不了生死轮回。生命的产生与终结，是造物主的刻意安排。也许生命消失，一丝痕迹也不曾遗留，让我们无从知晓过去的对白；也许只留下支离破碎的线索，让人类不断去探索、发现。恐龙，这个曾不可一世的神秘物种，激起了人们狂热的探索欲，唤起人们追寻远古世界的热情。

一块神秘之石引发的假说精彩玄妙、匪夷所思：2.5亿年前，小行星撞击地球后，火山喷发，全球变暖，细菌滋生，剧毒肆虐，海洋生物首当其冲，遭受灭顶之灾；毒雾弥漫整个

是神秘的行星影响了地球的生物进化，开启了盛极一时的恐龙时代，也最终使其走向灭亡吗？神奇的"身世"之谜，充满了疑惑、猜测和狂热的探索。

93

❧ 曾经的辉煌转瞬即逝，只留下变幻的风景。

陆地，所经之处，哀鸿遍野，尸骨无存，草木枯竭……灾难几乎摧毁了整个地球。死亡，成了这个时期的代名词。漫长的岁月里，世界一片荒芜，到处蔓延着毒气。为生存而变异，成了幸存者的主题。生与死的选择，开启了新时代。

恐龙，开始主宰地球，横行霸道，耀武扬威。号称骨骼破碎机的霸王龙，同类嗜食者的玛君龙，眉骨砸平机的震龙，邪恶弯刀杀手的诺弗勒恶龙……让人毛骨悚然。华阳龙，性情温和，然而攻击敌人时则凶猛无比，棘刺和甲板会变成可怕的血红色，长钉般棘刺的尾巴会在敌人身上戳出一个个大窟窿。艾伯特龙，凭借剑一般的速度、血盆大口和尖牙利齿，让其他动物闻风丧胆。恐龙，或高大或矮小，或奔跑或飞翔，或温顺或凶恶，或食草或肉食，形态各异，秉性各异，充满了神奇的色彩。

辉煌总是转瞬即逝。明媚的阳光洒满了大地，微风徐徐吹来，天空蔚蓝无比，成千上万的恐龙在悠闲嬉戏，谁也不曾料到灾难在悄悄地降临。神秘的行星，既成就了曾经横行一时的地球霸主，也促其使走向了灭亡。这次，不安分的行星又一次撞击了恐龙生活的地球，只不过，这次，恐龙不再是幸运儿。

我们是否可以这样假设一下：当小行星再次撞击地球时，我们人类的世界将会怎样？人类的命运又将如何？当年由于小行星的撞击，曾经的地球主人灭亡了。那么，会不会有一天，人类也会像恐龙一样，彻底从这个蓝色的星球上消失？

艾伯塔恐龙身世之谜，引人入胜，引人深思。这个曾经的地球霸主，并不因其灭绝而被遗忘。探求恐龙之谜，从未停止。

哈莱亚卡火山口

时/间/开/始/的/地/方

> 哈莱亚卡火山，夏威夷人心目中的'太阳之家'，夏威夷先祖半人神毛伊曾将太阳神禁锢在此，以求永远的光明。

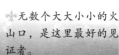

清晨太阳的第一道光芒会飘落在哪里？"一定是哈莱亚卡火山"，夏威夷人骄傲地高昂着胸脯。这里是时间开始的地方。

哈莱亚卡火山，夏威夷人心目中的"太阳之家"，夏威夷先祖半人神毛伊曾将太阳神禁锢在此，以求永远的光明。哈莱亚卡火山见证了夏威夷先祖们天性的形成和荣耀的过往。于夏威夷人而言，哈莱亚卡火山已经不仅仅是一座巨大的火山，而是他们的信仰所在。当失去了家园，没有了土地，坚守也许就是唯一能做的。

哈莱亚卡火山海拔3056米，火山口周长33千米，纵深853米，是世界上最大的休眠火山之一。18世纪的某一次喷发后，哈莱亚卡火山便沉寂下来，余下的巨大火山口仿若一个宝盆藏尽了夏威夷的秘密。其实最初的哈莱亚卡火山口并不巨大，但是经年累月的风雨侵蚀，如今的火山口足以容纳整个纽约曼哈顿岛，足以容纳人类理解之外的所有自然奇迹。

依着长路慢慢靠近哈莱亚卡火山口，周遭蔓延着肃静和安谧的气氛。遥望火山口，没有丝毫生气，红褐色的岩石和青灰

无数个大大小小的火山口，是这里最好的见证者。

绝版地球——最不可思议的15处地质奇观

❀银剑树在夕阳的映衬
下愈发显得特立独行。

色的火山灰铺天盖地地铺满了整座山脉，空气中夹杂着干燥
的热风，着实令人不舒服。每走一步，脚下松散的沙粒就哗
啦啦地滚下山坡，就像骤然撕裂了一块棉布。

　　火山口是哈莱亚卡火山最为绚烂的地方，在阳光的映射
下，随着角度的不同变幻着不同的色彩，赤橙黄绿青蓝紫，
点点光影如雨后彩虹般迷人。似真似幻，不像人间。

　　有人说，这里是离月亮最近的地方，此言不虚。放眼望
去，90万年的火山喷发形成了无数个大大小小的火山口，它
们拥挤在一块，酷似月球表面上的环形山。每一处火山口都
落满了岩石、火山锥、火山灰层和火山弹，火山口内部坑坑
点点、层层叠叠。举目而望，周遭全是冰冷的岩石色，环形
火山口此起彼伏，没有一丝生命的迹象，夜色中若不是一轮
明月挂于天际，着实会让人以为自己此刻身处月亮之上呢。

　　哈莱亚卡火山口上空电磁往来频繁而异常，不知电磁来
自哪里，也跟踪不到去向哪里。一座拱形的屋顶在山间若隐
若现，这是美国夏威夷科学城，专门用来观测和研究外星空
间的。多年的研究成果，美国秘而不宣。如果地球之外确有

外星人存在，那么毫无疑问他们一定会选择哈莱亚卡火山作为他们的基地，谁让这里离月亮最近呢？

　　深不可测的火山口内部辽远而苍凉，沿着火山口内部的点点痕迹慢慢走入火山口，生命之初的苍茫和美丽慢慢拉开了序幕。千万年前喷发的滚滚岩浆混杂着浓重的气体在雷电的催化下形成了最初的生命，时间从这里开始。

　　可惜没有人能真正进入哈莱亚卡火山口深处，我们引以为自豪的几百米不过是万米长跑的第一步。没有人知道那深邃之处有什么，更没有人知道已经沉睡的哈莱亚卡火山会何时喷发。黑暗的火山口中，忽而闪过一丝火光，是生命的迹象还是外星人的信息？

　　荒芜和冷峻的火山很难生长漂亮的植物，但是哈莱亚卡火山除外。干热的白天，温度骤降的夜晚，毫无养分的火山灰土壤，就是在这种极端恶劣的环境下，一种植物，只有这一种植物"银剑"在海拔1828～3048米之间的哈莱亚卡火山怒放着自己璀璨的生命。这种银灰色的濒危植物能顽强地长到150厘米高，寿命长达20年之久。在生命即将完结的瞬间，"银剑"会开出成百上千朵紫色的花，那是哈莱亚卡火山最旖旎的时刻。

　　撩人的夜色掺杂着夏威夷醉人的美景写就了哈莱亚卡火山的神奇，身着草裙的当地土著跳着节奏神秘的祭祀舞蹈向哈莱亚卡火山膜拜。夏威夷人对哈莱亚卡火山充满了敬畏之情，也充满了感恩之情。而今唯有哈莱亚卡火山附近保有最原始的夏威夷群落。哈莱亚卡火山保佑着夏威夷人生息繁衍，保佑着他们原始自由的生活。

　　哈莱亚卡火山与夏威夷人注定不能分离，因为彼此，他们更添神秘。

❀哈莱亚卡火山有着一种别样的美，夹杂着神秘与未知的因素。

97

塞布尔岛

沉/船/墓/地

❝ 大西洋中，有一个小小的岛屿——塞布尔岛，被世人称作'沉船墓地'，因为经过此地，触及岛屿周围浅滩的船只均神秘沉没，难寻踪迹，沉没原因成为未解之谜，令人们困惑不已。❞

心跳瞬间

INFORMATION

🏔 地理位置
加拿大

🗺 神秘指数
★★★

泰坦尼克号的沉没，千人死亡的惨状令多少人扼腕叹息。借助影视的推动力，对于沉船的考察和研究一时令探险家们兴趣盎然。一艘船只的沉没莫过于自身和外界两方面的原因。可是，你有没有想过，经过一个小岛的周围，也会存在着沉船的危险呢？

世界上还真有这样的地方存在，加拿大新斯科舍半岛东南部的大西洋中，有一个塞布尔岛令无数过往的船只胆战心惊。一组数据显示，在此岛周围大约有500余艘船只沉没，先后有5000余人丧生。最令人不可思议的地方是，船只一旦沉没，便杳无踪迹，无论搜救人员怎么搜索，都找不到丝毫蛛丝马迹。

针对这个诡异的现象，科学家进行了研究，他们惊奇地

发现：塞布尔岛竟然会移动！它是由松散的泥沙堆积而成的，整个岛上见不到绿色的植株。当巨大的飓风刮来时，小岛竟然会像轻舟般随海浪飘荡到别处，移动速度非常快，似乎被什么力量在推动其前进。能被推进的原因之一是，塞布尔

⚜神秘的小岛究竟是何种力量导致的呢？

ONLY ONE EARTH

岛的面积比较狭小，东西长约40千米，南北宽约1.6千米，总面积仅有约80平方千米，如此狭窄的区域作为一个整体活动很是便捷。在200余年的时间里，小岛竟然向东"滑行"了近20千米，平均每年移动百米左右。

小岛周围遍布细沙浅滩，只有4米左右深的水量。那些船只沉没前的共同遭遇是经过这里时搁浅，进而动弹不得，如人落入沼泽地般，只能随着松软的流沙渐渐下沉直至沉没。有人曾偶然目睹几艘排水量达千吨、长度近百米的轮船误入浅滩后再也出不来，只能任由流沙埋没。

为探寻船只沉没之谜，科学家们进行了不遗余力的研究。却一直没有得出确切的结论。因为还是有些现象无法解释：对于这样一个可以变换位置的小岛和周围大面积的浅滩，过往的船只应该能尽早观察到而避开，为什么却自投罗网呢？是船只赶不上岛屿移动的速度？还是流沙具有粘连船只的属性？抑或是神秘力量将其吸入沙中？没有人知道其中的缘故，或许只有那些逝去的灵魂明白其中的奥妙，而沉船发生后无人生还的现实，使事实永远地埋葬在了历史的尘埃中。

野马在这里自由自在地生活着，显得宁静而安逸，丝毫看不出岛上的神秘力量所在。

一组数据显示，在此岛周围大约有500余艘船只沉没，先后有5000余人丧生。

乐业天坑群

时/光/倒/流/的/地/方

> 在世事变幻剧烈、万物皆非昨日的外部环境中，乐业天坑群还保留着一些百万年前的原貌特征，我们可以借此了解到自然界的过去、人类进化的轨迹，令人欣喜不已。

心跳瞬间

INFORMATION

🏯 地理位置
中国广西

🗺 神秘指数
★★

倘若有时光穿梭机，我们可以回到过去任何想去的时代，可惜这只是人们美好的想象，空留慨叹在心中。但是有一个地方，能够给你提供最古老的景观和百万年前的动物化石。这里就是大约形成于三、四百万年前新生代第四纪的乐业天坑群。

乐业天坑群位于中国广西百色市乐业县，于1988年被国土资源部的工作人员发现。此后的十几年，随着天坑群被开发为旅游景点，前来探险、游览的人络绎不绝，成为当地的一大胜景。

天坑群由众多的独立天坑相连组成，占地约20平方千米。从高空俯瞰，天坑似在崇山峻岭中鬼斧神工般被凿出的一个竖井，四周环绕着悬崖峭壁，光秃秃的无法攀缘，颇有"千山鸟飞绝，万径人踪灭"的派头。远观的惊人图景令人不禁感叹造物主的神奇，怎样的力量才能成就如此的绝境？带着这个疑问，跟随科考探险队员的脚步和披露的信息，人们对它的了解逐渐清晰。

古语说：无限风光在险峰，乐业天坑群便是一明证。天坑底部的景色别具风情，在光照不够充足的情况下，大片的原始森林生长繁茂，树木粗壮、高耸，一看便知年代久远；密密匝匝的灌木丛穿插其间，人们行走无从下脚；森林下方的土地上覆盖了一层厚厚的苔藓，踩上去如地毯般光滑舒适；幽暗的河水舒缓地流动着，用自己的语言窃窃私语着。

由于天坑地势环境的极端恶劣，人类的触角还未伸向那里，它才能保持其原汁原味的特色。行走在森林中，无数意想不到的新发现令科学家们惊异万分：与恐龙同时代生长的国家一级保护植物桫椤、蓝色的石头、方形的竹子，被认为绝迹的古生物洞螈、盲鱼、水生无脊椎动物、白色猫头鹰、透明虾、中华溪蟹、幽灵蜘蛛等。这里的动植物种群种类之繁多、数量之庞大令科学家们心中窃喜，为勇于创新的他们开辟了一展身手的机会和场所。而他们的几次考察只是管中窥豹，只见一斑，相信还有很多未知的领域等待人们去探索。

对于天坑形成的原因，众说纷纭。有人认为是外星人到地球一游后留下的痕迹，所以才显得如此古怪和难以勘察。科学家对此辟谣：天坑的形成不是什么天外来客的杰作，而是由于乐业县特殊的石灰岩地质所致。石灰岩具有可溶于水的特性，在雨量充沛的情况下，落在石灰岩地面上的雨水裹挟着溶解的石灰岩顺着地缝向下流动，汇入暗河，扩大溶蚀的范围，日积月累，造成了大面积的地下空洞，最

溶洞中造型奇特的石钟乳、石笋，在乐业天坑群中随处可见。

✤ 在乐业县秧林村俯瞰大槽天坑，坑口直径约300米，坑底通向地下暗河。

✤ 仰视黄猄洞天坑，坑口丛林密布，郁郁葱葱。

终导致地表下陷坍塌，才形成了天坑的奇特景观。

天坑底部的风貌独特，带给人无限的遐想空间。天坑底部的原始森林面积为9.6万平方米，旁边峭壁上若隐若现的中国地图的面积也是9600平方米，这些数据和中国国土面积数目的吻合现象令人费解；流经天坑的两条暗河为何具有一冷一热的相异现象，科学家们也无法解释清楚，唯有期待更进一步的考察与探究。

天坑的神秘莫测，吸引了众多中外科考探险队员前来探访。新奇与刺激并存，也夹杂着心酸的悲情故事。1999年的一次考察活动中，探险队员们在经过一条水浅不宽的暗河时，武警少尉覃礼广在搀扶众人涉水渡过河后，突然落水，刹那间便不见了踪影，搜救工作持续了一个多星期后无功而返。令人困惑的是：走过如此浅近的河流，中老年人尚且绰绰有余，年仅25岁的武警战士为何会失足落水？失足落水后为何会不见踪影，难道河流的流速足以在一瞬间将人带离原址？时隔一年之后，一对美国探险专家夫妇发现了他的遗骸。于是乎，天坑吞噬人的传闻愈加给这里平添了一层神奇而不可捉摸的色彩。

在世事变幻剧烈、万物皆非昨日的外部环境中，乐业天坑群还保留着一些百万年前的原貌特征，我们可以借此了解到自然界的过去、人类进化的轨迹，令人欣喜不已。若非外力作用，它的状态依旧如故——在无人打扰的秘境里我行我素地生活、繁衍，直至永远……

巨人之路

混/沌/之/初/的/残/片

> 当世界从混沌初开中形成它现在的模样时，不经意中在此遗漏了一小块残片，这也许便是混沌时代的最后一块残片。

心跳瞬间

有人说，英国北爱尔兰海岸巨人之路是大自然鬼斧神工最好的证明，千万年的冰与火雕刻出它的神奇。6000万年前地壳剧烈运动，频繁的火山喷发溢出大量的玄武熔岩，灼热的熔岩将美丽的海滩覆盖，在与海水的亲近中凝固成规则的六棱柱状体。太阳、海风、水流……诸多的巧合经历了沧桑岁月才有了如今的巨人之路。

巨人之路海岸并不平整，直立的峭壁平均高度可达100米，有些诡异，有些凶险。这片漫长的海滩布满了规则的玄武岩六边形棱柱体，大约有38000余根，绵延千米而井然有序，就像一条人工开凿的堤道，气势磅礴。巨人之路矗立在海水与海风中上千上万年，任凭它们任意雕刻。每根石柱的条理不尽相同，向人们展示着亿万年岁月的痕迹。乍然一看，石柱大小均匀，极为美轮美奂。但仔细观察，柱体也有高低错落，整齐中藏着无穷变化，自然之趣盎然。有的石柱高耸入云，就像皇宫高高的"烟囱"；有的石柱粗粗胖胖，简直就是富人家的大酒缸；有的石柱道道节理紧凑，像极了夫人们手中的扇子……

INFORMATION

地理位置
英国

神秘指数
★★★

※ "巨人之路"六边形的玄武岩石柱紧紧捆绑在一起。它参差不齐的排列顺序，形成一道通向大海的巨大阶梯。

巨人芬·麦克库尔爱上了远在苏格兰的姑娘，为了迎娶自己的心上人，他费尽千辛万苦在大西洋中修建连接两岸的堤路，千丈悬崖抵挡不住他前进的脚步，海风中巨人的新娘款款走来，巨人之路就是他们爱情的见证。关于巨人之路的传说众多，独独这个流传最广，原始粗犷的岩柱、浪漫的爱情故事，别样的搭配也很有韵味。

走在巨人之路，近可观峭壁上镶嵌的根根柱体，远可眺沿岸壮阔的层层海涛，长达8千米的岩柱泛着赭褐色的光芒从峭壁直直地插入大西洋深蓝色海水中，汹涌的海浪肆无忌惮地拍打着岩柱，漫天的白色泡沫转瞬即逝，湿漉漉的岩柱间充斥着浓烈的远古洪荒气息。

关于巨人之路的争论近几年成为苏格兰和北爱尔兰的热点，掺杂了民族感情的奇迹并不少见，但让人如此伤痛的唯有巨人之路。所有来到巨人之路的人都会深切感受到北爱尔兰和苏格兰的情缘，如果不是这段海峡，曾经的至亲怎会隔海相望？猎猎风声贯穿石柱，大浪淘沙淘尽古事今悲。曾经有人建议摧毁巨人之路，因为它总是让人伤怀，其实大可不必，人间世事皆有因，岂干他物？

❀在如此壮景前，任谁都会顿感苍凉悲壮。

据一些学者考证，因为水流的侵蚀、海风的风化，巨人之路愈加瘦削。也许再过上几百年，巨人之路就会淹没在冰冷的海水中，消逝在潮湿的海风中。而那时我们来这里要看什么？当我们为此苦恼不堪时，有学者声称巨人之路并不会消失，因为它本来就不是自然所为。此言一出，举世哗然，巨人之路不是冰与火的产物那会是什么？至今没有人找到过巨人之路的根底，它们就像无根之木般令人敬畏。它们的根在哪里，难道穿透了地球来到了另一个世界？自然之力好像并未如此神功。那么它们是史前遗迹抑或外星基地？这两种说法都存

🔹巨人之路带给人们来自远古的呼唤，那一声声神秘莫测的拍打声扣人心弦。

在。认为史前遗迹的学者找到了英格兰巨石、卡纳克石柱作证，虽不是同一时期产物，但却有相通之处。认为外星基地的学者找到了天象图，浩瀚的大西洋一定有我们所不知的神秘，因为它的意义不仅仅只是地球的，由此推论，巨人之路也许就是大西洋和外星人联络的基地或者指示。这两种说法都有不少追随者，但不得不承认他们都缺少拿得出的证据。

　　与其他石柱群相比，巨人之路好像更为简单，更为纯粹，也许就因为它的简单或纯粹让我们忽略了探究它的真实。巨人之路于我们而言，依然神秘得一塌糊涂。"当世界从混沌初开中形成它现在的模样时，不经意中在此遗漏了一小块残片，这也许便是混沌时代的最后一块残片"，19世纪的某一天萨克雷站在"巨人之路"岩柱脚下喃喃自语道。

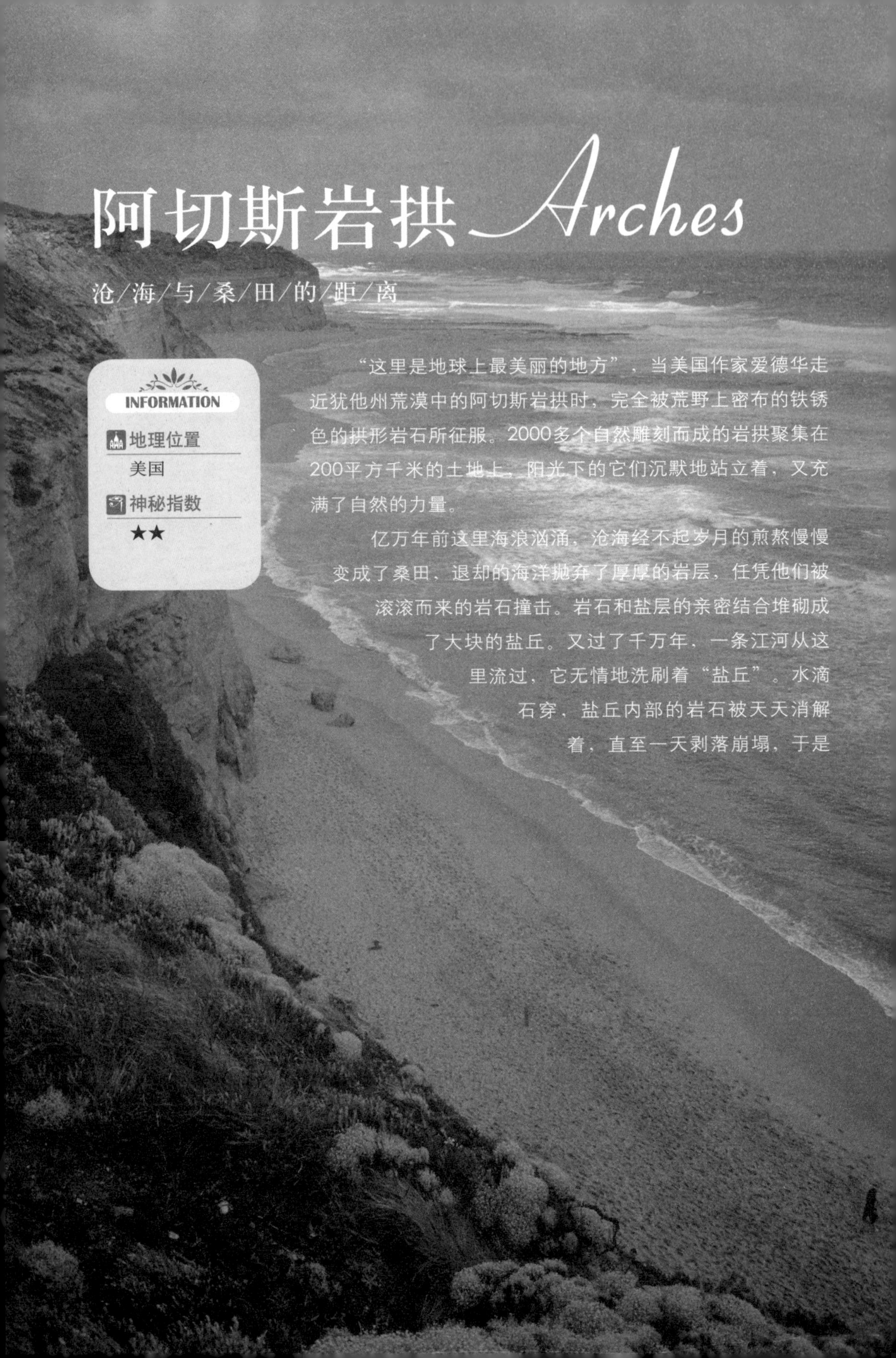

阿切斯岩拱 *Arches*

沧/海/与/桑/田/的/距/离

INFORMATION

🏛 地理位置
美国

🗺 神秘指数
★★

"这里是地球上最美丽的地方"，当美国作家爱德华走近犹他州荒漠中的阿切斯岩拱时，完全被荒野上密布的铁锈色的拱形岩石所征服。2000多个自然雕刻而成的岩拱聚集在200平方千米的土地上，阳光下的它们沉默地站立着，又充满了自然的力量。

亿万年前这里海浪汹涌，沧海经不起岁月的煎熬慢慢变成了桑田，退却的海洋抛弃了厚厚的岩层，任凭他们被滚滚而来的岩石撞击。岩石和盐层的亲密结合堆砌成了大块的盐丘。又过了千万年，一条江河从这里流过，它无情地洗刷着"盐丘"。水滴石穿，盐丘内部的岩石被天天消解着，直至一天剥落崩塌，于是世界上有了"阿切斯岩拱"。流水走过，风儿吹过，继续着自然的侵蚀之功，阿切斯岩拱的身上每天都有岁月的痕迹，而它也在一天天地改变着模样。

阿切斯岩拱地区的气候非常糟糕，炎热至极的夏天、寒风刺骨的冬天，干燥的地面很难看到新鲜的绿色。无论

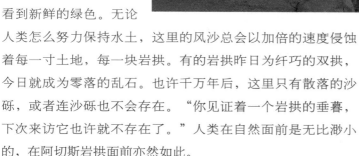

❀名为"美景石拱"的左侧最薄处只有1.8米厚。

人类怎么努力保持水土，这里的风沙总会以加倍的速度侵蚀着每一寸土地，每一块岩拱。有的岩拱昨日为纤巧的双拱，今日就成为零落的乱石。也许千万年后，这里只有散落的沙砾，或者连沙砾也不会存在。"你见证着一个岩拱的垂暮，下次来访它也许就不存在了。"人类在自然面前是无比渺小的，在阿切斯岩拱面前亦然如此。

走近阿切斯岩拱，你会感叹自然的鬼斧神工，也会惋惜自然的漫不经心。有些岩拱美艳动人，恰如娇美的新娘翘首盼兮；有些岩拱残破不堪，仿若风烛残年的老人。漂亮的"纤美石拱"已经成为犹他州车牌的标志，它就像一道彩虹飞跨几十米，40多米高的顶部却只有薄薄的几尺，让你时刻担心它会崩溃在风沙的猎猎声中。也许它知道自己的生命即将结束，所以才恣意绽放着脆弱的美丽。

❀石拱的形成见证了大自然的鬼斧神工，令人惊叹不已。

印第安人最早来到阿切斯岩拱地区，虽然这里的环境十分恶劣。他们学会了在岩拱上作画来记录他们的生活。简单的线条、粗糙的痕迹展现了印第安人随遇而安的个性。印第安部落有自己的秘密，阿切斯岩拱也有自己的秘密，没有人知道他们还能在这里竖立多少年，也没有人知道他们最终的归宿。

沧海桑田于人而言，无比的漫长；于阿切斯岩拱，却只是一刹那的开始与完结。

艾尔斯岩 *Ayers Rock*

孤/独/的/坚/守/者

　　在澳大利亚大陆中心广阔无垠的荒漠中，矗立着一座孤零零的巨石——艾尔斯岩，它在此地屹立了上亿年，没有人知道它从哪里来、为什么要如此执着地坚守。像一座谜石般吸引、困惑着人们一探究竟。

　　艾尔斯岩的基围周长达9千米，高出地面348米，全长近3000米。在沙漠中孤独地矗立着，看日出日落，听风声雨声，默默地诉说着光阴的故事。据传巨石是由一名来自南澳州叫威廉·克里斯蒂·高斯的测量员在工作中偶然发现的，巨石的壮观风貌一度让他以为自己产生了幻觉。后以当时南澳州总理亨利·艾尔斯的名字命名此石。从此，艾尔斯巨石名声大噪，成为令千万参观者终生难忘的奇异景观。而居住在附近的土著民族——阿南古人将巨石作为膜拜的"圣石"加以保护，尊崇万分，艾尔斯岩的价值更加非同一般。

　　艾尔斯岩最奇特的地方在于它被不同时间段的阳光照射，会绽放出五彩斑斓的色彩。清晨太阳刚刚露出顽皮的笑脸时，它会穿上浅红色的礼服迎接阳光的洗礼；正午，烈日当空，巨石通体焕发出黄澄澄的明艳色彩；而黄昏日暮时，抓紧这最后的时

INFORMATION

地理位置
澳大利亚

神秘指数
★★

光，它又再度神采奕奕，姹紫嫣红般变幻着色彩，如美丽的火焰在跳动；当天空披上了漆黑的幕布时，它终于返璞归真，停止了绚烂的表演，以自己黄褐色的本来面目平静示人。由于它所展现的无穷魅力，人们一度以之为神奇，不敢质疑其神圣的地位。直到地质学家的科学解释才令人恍然大悟：艾尔斯岩的主要组成部分是红色砾石，含铁量高，易在外界条件的变化下容易发生氧化作用。巨石表面的氧化物在太阳的照射下，才会反射出不同的颜色，让不明就里的人心生敬畏。

关于艾尔斯岩的来历，众说纷纭，有人说它是"天外来石"，几亿年前的陨石坠落，在此地安家落户；有人说它是亿万年前由于地质变化作用浮出水面的海底沉积物，沧海桑田后，海水褪尽，只有它如孤独的老者，还停留在原地踯躅前行。由于年代久远，缺乏证据，它的起源后人很难解释清楚，成了千古难解之谜。口耳相传中它的未知领域被无限扩大，产生着持续久远的影响力。

土耳其地下城

与/信/仰/同/在

> 如迷宫般的恢宏地下城市群是何人何时兴建的，为何又被遗弃呢？为什么要修建如此庞大的地下城池呢，为了防御还是出于某种信仰？它给了我们太多的不解之谜。

心跳瞬间

INFORMATION

🏛 地理位置
土耳其

🗺 神秘指数
★★★

海拔千米之上的卡帕多西亚高原荒凉又诡异，巨大的火山岩被切削成几百座如金字塔般的尖岩，放眼望去，悬崖、碎石、沟壑遍地，裸露的岩石寸草不生。但是在此偏偏有成百上千座古老的岩穴教堂和不计其数的洞穴住房隐于地下。

1963年，地下城池，这个好像只有科幻小说中才有的事情在这里成为现实，而且不止一处。10年间，一共有63处地下城镇被挖掘，据说还有更多的未知城池沉睡于地下。每个地下城池规模大小不一，有的只能居住几十人，而有的可容纳上万人。目前所发现最大的地下城池共有1200间石头房子，1.5万人能生活其中。通过一个像井一样的入口便可以进入奇迹，上下8层的架构复杂而巧妙，走廊迂回曲折，只能弯腰行走，用蚂蚁窝来形容很是贴切。

随着发掘的进展，人们惊奇地发现所有地下城之间都能通过地道连接起来，最长的隧道近9000米。这些古老的城市层层叠叠，深达数十米，纵横交错，四通八达。在这里生活是毫无问题的，因为地下城池具备了一个城市所有的要素，居室、酒坊、牲畜圈、仓库、礼拜堂、水井、墓地，石梯是交通工具，通话孔是联络工具，圆

✤奇特的地貌本身就具有莫名的吸引力。

ONLY ONE EARTH

形石门是防御设施，城市中心的通风口密如织网。穿梭攀爬在地下迷宫，每一转身便是一个收获，总有更幽深更神秘的洞穴出现，当然迷路也是正常的。

如迷宫般的恢宏地下城市群是何人何时兴建的，为何又被遗弃呢？为什么要修建如此庞大的地下城池呢，为了防御还是出于某种信仰？

有人认为，这是上帝信徒的避难所，躲避圣像迫害运动的基督徒修建了岩穴教堂的同时修建了规模庞大的地下城，以备东山再起。这一观点得到了大多数人的赞同。因为高原上的每一个火山尖岩几乎都被挖空修造为教堂。这些外表粗陋的教堂别有洞天，精美的圣画、优雅的穹顶、精雕细琢的圆柱、华丽的拱形门、虔诚的十字架……基督教的痕迹无处不在。这群坚守自己信仰的人在这不毛之地过着与世隔绝的生活，尽管暗无天日，尽管环境恶劣，他们依然虔诚地祈祷着。据记载，公元6世纪这里的教徒已达6万人。岩穴教堂、地下城池，如此相近的建筑很有可能出自同一群人之手。

但是有人坚持地下城池的年代远比这些基督教建筑要早得多，公元前土耳其就成为各种民族文化的交融地，赫梯、高卢、希腊、马其顿、罗马、帕提亚和蒙古人等都在此安营扎寨过，地下城未必不是其中哪个民族为了军事目的修筑的，不得不承认，此说也有道理。

那么会是哪个民族修建的呢？在地下城最深一层，考古

✤岩穴教堂内精美的圣画

绝版地球——最不可思议的15处地质奇观

卡帕多西亚高原并不是一处水草丰美之地，冬日 −30℃，夏日高温 40℃，为什么建造者会选择这寸草不生之地呢？当几万人生活在这里时，他们以何为生，去哪里寻找水源呢？裸露的火山岩并没有食物给予。

学家惊喜地发现了闪米特时代的器物。这个古老的神权民族大约于公元前1800年在这片高原生活过。地下城很有可能由闪米特民族修建，卡帕多西亚高原西南部确实发现了新石器时代遗址，是否可以由此推断出地下城已经存在了近4000年历史？

但是依当时原始的石斧石刀之力怎么凿入80米深处的地下呢？如此宏大的工程，绝非一朝一夕就能完成的。据专家测算，仅仅那条9000米隧道就需要1000个工人连续工作十年。配备如此完善的城池，事前规划、严密组织、统筹安排等等缺一不可，对于当时仅以填饱肚子为主的远古人而言，应是比登天还难的事情吧。

在地下城的一些文献中提到了"飞行的敌人"，难道将如此庞大的城池修建于地下是为了防备"飞行的敌人"？在远古时代，卡帕多西亚曾发生不明原因的大爆炸，大爆炸是不是"飞行的敌人"制造的？这"飞行的敌人"会是谁呢？地下城池中的居民好像突然就从世界上消失了，难道是被"飞行的敌人"集体劫掠去了？

土耳其地下城给了我们太多的不解之谜。

札达土林

天/地/灵/气

> 迷离变幻的土林奇观，萧索荒凉的古格王朝遗址，自然景观与人文景观的完美结合。在你感叹造物主神奇力量的同时，也深深地体会到：唯有人类，才能给天地间增添一份生动的灵气……

心跳瞬间

见过形态各异的自然景观，但是大片的土林群还是第一次见到。在西藏阿里札达县境内，由地壳运动引发地质活动，再加风化侵蚀作用，雕琢出栩栩如生的土林景观。

说起土林的来历，当地还流传着一个动人的传说：很久以前，土林密布的地区是一片美丽的湖泊，湖水与蓝天斜阳相掩映，景色宜人。突然有一天，狂风怒吼，波浪翻滚，湖底向上挺起了一座土山，矗立在水中央，阻断了湖泊中水的流动。又不知过了多少年，这座山在风吹雨蚀不断地侵袭下，演变成了目前的模样，也成为当地人信奉和膜拜的对象。因为一位喇嘛教活佛曾说过：札达土林是自然形成的佛教圣地，这样奇特神秘的山势是上天赐予西藏独一无二的礼物。

成片的土林沿着象泉河两岸绵延起伏，参差不齐地展现着有序的层次，聚集在一起，显现出不同的形态。有的如巨大的瓶体直立；有的如列队的卫士；有的如院门前的台阶；有的如低矮的房屋；还有的如古典的城堡，林林总总，不仔细琢磨很难辨别清楚，让人看花了眼。土林的成色源于大地，黄澄澄的一片。站在远处眺望，在阳光的照射下，反射出金黄灿烂的光彩。而最美的土林则是在黄昏时分呈现：彩霞满天的映衬下，土林也浸染了霞光变幻后的各种色彩，或黯淡，或明

INFORMATION

地理位置
中国西藏

神秘指数
★★

土林与古格王朝有千丝万缕的联系，到札达土林，必到古格王朝遗址成了游客们的最佳选择。

在柔和的伴奏声和光影流转中，整个人仿佛都要醉了。

亮，或温暖，或冷峻，呈现出光与影交汇的风貌，宛如在看一场生动的无声电影。札达土林包围着札达县城，在城中行走，必须穿土林而过，当地人都习以为常，他们一直在津津乐道的却是另一段传奇：古格王朝。古格王朝的遗址散落在具有土林风貌的山上，与山体密切贴合，融为一体。

漫步王朝遗址中，那些取自土林中的黏土而建造的房屋，已残缺不全，正如断臂维纳斯的美，古格王朝遗址结合了土地遭风化的独特景观与人文历史的悲怆，凝聚成一股苍凉、厚重之感，令人咂摸不已，余味不绝。更令人感慨的是，古格王朝的最后一任国王，在外敌入侵而无力抵抗的情况下，他决定以一己之身换全体臣民的安全。岂料在背信弃义的强敌面前，他做了无谓的牺牲。古格都城被攻陷，人民遭到了惨绝人寰的大屠杀，距离遗址不远的"无头藏尸洞"即是明证。血淋淋的史实触动了人们的心脉，气氛骤然变得沉重起来。

300年前这个神秘的王朝一夜之间消失殆尽，只留下那些记录了灿烂文化艺术成就的遗址。残垣断壁，零落萧条的古建筑，道不尽当初的繁华。而古格人闪电般消失的方式至今仍是一个谜团。据说当年古格被外敌团团围住时，城内断水断粮，

人们从城中往外挖出了一条密道，借助这条密道，才得以支撑
了一段时间。而今，那条密道成为王朝遗址的闪光点，只要有
游客来到这里必定要找寻一番，可是很少有人找到。正当人们
怀疑这个密道传说真假的时候，才得知这条密道已被相关部门
封存了。这样做的目的一是为了保存历史，保护文物；二是为
了保证游客的安全。一条小小的密道足以令大部分古格人在
重重包围中全身而退吗？是否还依托都城周围错综排列的土林
呢？事实的真相已不得而知。只知道当敌兵攻入王宫时，宫内
锅里的饭菜还是热乎乎的。离奇的传说与大胆的臆测给这个王
朝遗址增添了许多神奇的意味。

逗留片刻就会完全
被土林绝尘的风貌夺
去了魂魄，沉浸其中
不能自拔。

迷离变幻的土林奇观，萧
索荒凉的古格王朝遗址，自然
景观与人文景观的完美结合。
在你感叹造物主神奇力量的同
时，也深深地体会到：唯有人
类，才能给天地间增添一份生
动的灵气，否则你看到的只有
萧索与败落，徒增伤感也无济
于事。

元谋土林

迷/离/远/古

> 迷离的地质构造、诡异的自然雕工、五彩的沙雕泥塑完美构造了原始粗犷的西部风情，远古洪荒质感浓郁十足。

心跳瞬间

INFORMATION

🏔 **地理位置**
中国云南

🗝 **神秘指数**
★★

生于斯长于斯的土林在云南境内并不少，若论之首当推元谋土林。不同于云南石林的巍峨雄壮，元谋土林诡异而苍凉。《无极》和《千里走单骑》中那如歌如泣的画面，瑰丽中是万事成空的辽远。大气而不矫情，荒凉而不悲情，精美而不做作，迷离而不悬疑，这就是元谋土林。当游人都涌向云南石林时，其实他们错过了一生中最精彩的景色。

元谋土林主要指虎跳滩土林、班果土林、浪巴铺土林。200万年前，剑齿象、中国犀、剑齿虎在这里生老病死，尸体沉积在厚厚的腐土之中，沙土中的钙质胶合物夹杂着铁质结合在一起。在岁月的积累中，凝结在一起的土柱露出地面，渐渐升高，形成土柱森林。阳光下，各色物体绽放着属于自己的光芒，扑朔迷离的闪耀间仿佛藏有古老的传说。

一踏进土林，震撼扑面而来，让人忘记身在何处。迷离的地质构造、诡异的自然雕工、五彩的沙雕泥塑完美构造了原始粗犷的西部风情，远古洪荒质感浓郁十足。当地人相传

✿ 巍巍土林，沧海桑田。面对这些鬼斧神工之物，除却惊叹也会心生怀疑。这些远古之物立于这里200万年，任凭无情的风沙侵蚀，丝毫和人类无关吗？在大自然翻天覆地的那一刻，它们是如何全身而退的呢？

每一根土柱代表一个生命，仔细相望，仿佛看到了它们表情的变化。

虎跳滩土林是元谋土林的代表，犹如莽莽原林般矗立在蜻蛉河一侧。土柱呈金黄色，间或淡灰色或者粉红色，千姿百态，精美绝伦。古河道两侧赭红色土壁划痕累累，走在清冷的河道上，不禁令人感慨世事万千不过云烟。

走入班果土林，情境截然不同，这里生机盎然，色彩艳丽。高耸的土柱都是浓浓的黄白红，阳光下放射出极为耀眼的光芒。最美不过朝晖与晚霞，当万丈光芒洒下时，天地之间都是令人欣慰的暖色调。明代著名旅行家徐霞客对班果土林十分喜爱，他在日记中这样描述："涉枯涧乃蹑坡上。其坡突石，皆金沙烨烨，如云母堆叠，而黄映有光，时日色渐开，蹑坡上，如身在祥云金粟中。"仙境也不过如此吧？

风沙继续着它们的雕刻工作。元谋土林，当人类越来越接近它时，却感受到了它的拒绝，也许当年它就是这样拒绝了元谋人的亲近。

地质学家试图在元谋土林寻找到关于往事的蛛丝马迹，但是并没有丝毫进展。也许只有炸开元谋土林的土柱，我们才能看到世界的过去，但是谁又忍心去破坏这片平静呢？

Chapter 01

失落文明

——最难解密的8个古国传说

Mystic Zone

亚特兰蒂斯

失/落/的/文/明

> 66 一个魂梦缭绕的传说,一个高度文明的国度,一个在一夜之间消失得无影无踪的帝国。亚特兰蒂斯,你在哪里? 99

心跳瞬间

亚特兰蒂斯,一个魂梦缭绕的传说,一个高度文明的国度,一个在一夜之间消失得无影无踪的帝国。几千年来,人们一直孜孜不断地寻找着它的踪迹,猜测着它的去向,却总是无疾而终,失望而返。

传说,创建亚特兰蒂斯王国的是海神波塞冬。波塞冬娶了

❋谜一样的帝国,存在与消亡都一样的神秘莫测。

一位父母双亡的少女并生了5对双胞胎，于是波塞冬将生活的整座岛划分为十个区，分别让10个儿子来统治，并以长子为最高统治者。因为这个长子叫"亚特拉斯"，因此称该国为"亚特兰蒂斯"王国。

生活在这里的人们安居乐业，诚实善良，生活富庶，能够跟动物轻易沟通，他们利用基因工程创生半人半兽的"卡美拉"，例如美人鱼、独角兽，可以返老还童。这一切让亚特兰蒂斯人无忧无虑、快快乐乐地生活在那个天堂。然而，他们的生活也变得越来越腐化，无休止的极尽奢华和道德沦丧，不自觉地一步一步走向了毁灭。终于激怒了众神，"强烈的地震和凶猛的洪水，在一昼夜之间就将亚特兰蒂斯帝国淹没于深海之下"。这是柏拉图对亚特兰蒂斯的描述。人类正是循着这条线索在孜孜不断地寻找这个失落的文明。

人类的想象力可以超越一切阻碍，飞向那个传说中的国度。

是什么力量把这个拥有高度文明的大城市摧毁于无形，一夜之间消失得无影无踪？地震、洪水泛滥，真的有此力量吗？它真的存在吗？它到底在哪里？什么时候消失的？据说，一艘苏联探测船在古巴外海意外发现了一个自称来自亚特兰蒂斯的"人鱼宝宝"。根据他的描述，亚特兰蒂斯由于陆沉而隐居深海底，逐渐进化出鳃和鳞，平均寿命达300岁以上，人口约有300万人。恐怖的是，他们会假扮成人类混在人群中，观察人类文明的进展。也许他们在探测我们，精心策划着他们的崛起……

更神奇的说法是，亚特兰蒂斯可能是一艘外星人的宇宙飞船的名字，由于出现故障或其他原因被迫降落在地球上，为了修复飞船，外星人用先进的技术引导人类收集资源。亚特兰蒂斯飞船起飞离开时，由于体积太大引起了海啸和地震……伴随着海啸和地震，亚特兰蒂斯越飞越高，直入高空，消失在人类的视野中。

亚特兰蒂斯，失落的史前文明，谜一样的帝国，你在哪里？

INFORMATION

地理位置
地中海

神秘指数
★★★★★

太平洋"姆大陆"

"消/逝"/的/超/前/文/明

> 12000年前的浩瀚大洋中曾经存在一个古老的大陆，这是人类文明的摇篮，勤劳的先民们在灿烂的阳光下过着自由自在的生活。

心跳瞬间

世界上一切事情皆有可能，比如深深的大洋海底，在浩渺沧海之前也许就是辽阔的桑田。英国学者詹姆斯·乔治瓦特一生致力于追寻这片神秘的大陆——"姆大陆"，他汇聚毕生精力，集众家之长为我们讲述了12000年前先民的生活。

12000年前浩瀚大洋中曾经存在一个古老的大陆，这是人类文明的摇篮，勤劳的先民们在灿烂的阳光下过着自由自在的生活，巨大的神殿高耸入云，7座美丽的城市人口达6400万。白种人、黑种人、黄种人平等地生活在一起，毫无贵贱之分。拉·姆，意为太阳之母，既是姆大陆的最高统治者，也是最神圣的宗教领袖。在单一宗教下，姆大陆一派祥和宁静的气氛。

姆大陆先民拥有高度的文明，尤其精于航海。首都喜拉尼布拉道路四通八达，港口船舶云集，商旅不绝。他们的船只遍布世界各地，开拓了不同的文明。最初的一支团队抵达南美洲，建立了"卡拉帝国"；维吾尔族人创建了从蒙古到西伯利亚的"维吾尔帝国"；那卡族一路向西在印度方向开创了"那卡帝国"……飞行船是他们彼此交换珍宝的交通工具。

🌸 传说的陆地是一块富饶的地方，传说与现实的融合给这里蒙上了厚厚的神秘面纱。

毫无征兆的灾难毁掉了繁荣，天崩地裂、海啸山呼，橘红色的火山溶浆铺天盖地，整个大地渐渐沉落，姆大陆文明就此沉寂在汹涌的大洋中。没有了母国，其他文明也逐渐消亡，只是各个大陆上偶尔可见的遗迹显示了它们曾经存在的印记。

詹姆斯·乔治瓦特笔下的姆大陆真实而又幻灭。但是学院派认为按照历史常识而言，在大洋中根本不可能存在这样一个超高文明的帝国，一切不过是作者一个天真善良的愿望而已。西藏寺庙的《拉萨纪录》、玛雅人的《特洛阿诺抄本》《德累斯顿抄本》、印度古老的"神圣兄弟那卡尔"黏土板，他们都提到了古大陆的沉没，这是乔治瓦特最直接的证据。大洋深处距离遥远的小岛之间竟然有着相似的文明；小岛随处可见的超前文明遗迹（巨大石像和刻画文字）也有力地支持了乔治瓦特。

地球数度沧海桑田，在浩瀚的大洋中果真存在过这样一个高度文明的姆大陆吗？不能否认的是，姆大陆的存在会将世界上一半未解之谜给予揭晓。

❋ 建立与毁灭似乎都只在一瞬间，文明的出现与消失也在弹指一挥间。

123

特洛伊传奇

冤/魂/的/呐/喊

> 特洛伊战争，不仅摧毁了一个城堡，更是对人类的践踏。有多少无辜百姓冤死在刀光剑影之下，有多少百姓发出那凄厉的惨叫声，跌倒在浓浓烈火之下；有多少特洛伊的战争冤魂，千百年来不住地控诉呐喊。

心跳瞬间

INFORMATION

🏠 地理位置
土耳其

🔮 神秘指数
★★★

一个幽灵，一个冤魂，夜夜徘徊在一个神秘地带，千百年间不曾离开，这里，曾是他的乐园，曾是他的希望，也是他的哀伤，他的葬身之地。特洛伊，这片曾经祥和太平的海岛，经过一场惨烈无比、血流成河的诡异之战后，永远地消失了。只留下那数不清的冤魂，游荡在充满神秘和传奇色彩的鬼魅孤岛之上，用那凄厉的风声呐喊，诉说着他们的冤屈。那场灭国之战，是神的意旨，还是人的祸端？悬疑重重，跌宕起伏，充满了传奇色彩。

特洛伊，这个位于爱琴海东岸多山的古国，曾经是那样的美丽富饶，人民安居乐业，悠闲自得，与世无争，被认为是人间天堂。得天独厚的交通地理位置，物产丰盈的强大国力，成为同样强大但是野心勃勃的古希腊人觊觎的对象。战争，成为他们争夺特洛伊的邪恶计划；而借口，则是战争的准

备，狂热的希腊人终于迎来了攻打特洛伊的借口。

"给最美丽的女神"的"金苹果"之争，引发了特洛伊的灭城之灾。在虚荣面前，赫拉、雅典娜及阿芙罗狄忒三个女神互不相让，作为裁判的特洛伊国王英俊的小儿子帕里斯，把金苹果交给了阿芙罗狄忒，交换条件是让世上最漂亮的女子海伦做妻子，这让赫拉及雅典娜决心毁灭特洛伊人，可怜而又可悲的特洛伊城成了众神争斗的牺牲品。

海伦，倾国倾城的古希腊城邦斯巴达王后，这位曾引起希腊王国内讧的绝色美女，作为阿芙罗狄忒的交换条件，和特洛伊小王子帕里斯相爱了。海伦背叛了斯巴达国王，与帕里斯私奔来到了特洛伊城。

特洛伊之战就此拉开了帷幕。尽管每个参战国的战争之名不同，战争目的各异，希腊联军，还是不远千里讨伐特洛伊。战争，可以为私欲而战，可以为权力而战，可以为尊严而战，可以为名誉而战；而特洛伊人，却选择为了爱情而战。因为权力，千万人赴汤蹈火，战死沙场；因为尊严，千万人丧失理智，疯狂厮杀；因为爱，一个国家就要灭亡，生灵涂炭，冤魂

✤ 刀起剑落，热血喷溅，特洛伊国王狂妄地相信围墙高筑的城市坚不可破，固若金汤。双方互不相让，战争愈加壮烈与残酷。

✤ 希腊国王被强烈的贪婪所侵蚀，人性的残暴驱策着无辜者扑向战场。

画中的卡珊德拉预言着特洛伊城的毁灭。

遍野。这场持续了10年的恐怖战争，这场权力与爱情的争斗，断送了多少英雄的鲜血，又断送了多少无辜生命。对于卷入战争的每个人来说都是灾难，因为战争，从来都是毁灭，毁灭……

"木马计"让10年战争有了最终的了断。凭借着"木马"，希腊军队攻入了久攻不下的特洛伊城，开始了惨绝人寰、泯灭人性的大屠杀。剑戟之声、哭声、呼喊声，刀光剑影中溅射着鲜血。浓烟滚滚，吞噬着手无寸铁的人民，到处弥漫着骇人的焚尸味；冲天的火焰疯狂地吞没着整座特洛伊城，巨柱纷纷轰然倒塌。鲜血浸透了屠城者坚硬的盔甲，疯狂地叫嚣着"燃烧吧，燃烧吧，把这里的一切烧光……"。

美丽富饶的特洛伊城堡被洗劫一空，焚烧殆尽。小王子帕里斯在战斗中丧失，海伦被抢走，无数的战士丧生在刀光火影下。战争结束后，幸存的青年男子被杀，妇女儿童沦为俘虏，昔日繁华的城堡仅剩下残垣断壁。成为一片废墟。

特洛伊战争，不仅摧毁了一个城堡，更是对人类的践踏。有多少无辜百姓冤死在刀光剑影之下，有多少百姓发出那凄厉的惨叫声，跌倒在浓浓烈火之下；有多少特洛伊的战争冤魂，千百年来不住地控诉呐喊。

巴别塔之谜

与/上/帝/的/博/弈

> 这座古人的伟大奇迹，见证了一个文明的兴衰，写就了一段历史，注定是一个谜。

心跳瞬间

根据《圣经》记载，洪水过后，巴比伦人决定建一高塔，"塔顶通天，为要传扬我们的名"。

直达天庭的高塔惊怒了上帝，为了制止塔的继续修建，上帝变乱了人类的语音，高塔就此停工，这就是巴别塔。

最早描绘巴别塔的是历史学家希罗多德，巴别塔废墟瞬间就将他征服："它有一座实心的主塔，一弗隆（201米）见方，一共有8层。外缘有条螺旋形通道，绕塔而上，直达塔顶……"简单勾勒，巴别塔横空出世之姿跃然纸上。

此后随着美索不达米亚文明的失落与湮没，巴别塔成为史书中的传奇，直到1899年德国考古学家当真在巴比伦遗迹挖掘出一巨型塔基，才证实巴别塔确实存在。虽然已是砖瓦废墟，但是这个庞然大物依然巍峨雄壮，傲视周边地区。

很多人醉心于重塑巴别塔雄姿，但是更多人好奇巴比伦统治者为何修建巴别塔？以当时人力物力是如何完工的？有人认为巴别塔是古时天文观测台，有人认为是巴比伦统治者的陵墓，还有人认为是供诸神落脚之处，更有人推测为外星智慧修建……各种说法都无证据支持，有考古学家认为只要炸开巴别塔，真相自然呈现。但是谁会去做千古罪人呢？

这座古人的伟大奇迹，见证了一个文明的兴衰，写就了一段历史，注定是一个谜。

INFORMATION

🏛 **地理位置**
伊拉克

🗺 **神秘指数**
★★★

人的欲望永无止境，巴别塔就是最好的证明。

索多玛与蛾摩拉

黑/暗/之/城

> 索多玛、蛾摩拉，两座背弃了上帝的救赎而沉沦在撒旦怀抱的腐朽城市，一时纵情欢愉换得无尽黑暗唾弃。

心跳瞬间

INFORMATION

🏛 **地理位置**
死海

🗺 **神秘指数**
★★

索多玛与蛾摩拉最早出现在《旧约圣经》中，摩押平原五城中的两个。上帝"将二城倾覆，焚烧成灰，作为后世不敬虔人的鉴戒"。从天而降的硫黄和火毫不留情地摧毁了索多玛与蛾摩拉，精致的城市和纵欲的居民连同地上生长的都毁灭了，烧焦的土地烟气蒸腾。唯有罗得和妻子女儿逃了出来，但是罗得的妻子顾念家乡，回头一望就成了一根盐柱。

"我们是最久远的双胞胎，彼此的灵魂最接近，背负的是罪，背负的是罚。那是超越一切的因果，也是你跟我的……"索多玛、蛾摩拉，两座背弃了上帝的救赎而沉沦在撒旦怀抱的腐朽城市，一时纵情欢愉换得无尽黑暗唾弃。

当所有人认为这只是圣经故事时，考古学家在死海南部浅水区发掘出两座古城，所处的时代、肥沃的平原、神秘的祭坛、精美的陶器、高耸的盐柱，一切都和《圣经》的描述相吻合。发掘显示，两座古城同时遭到了废弃的命运，突然间人去城空。很显然这就是索多玛与蛾摩拉。

上帝真的摧毁了它们吗？如果不是，它们去哪了？为什么放弃自己的故乡呢？索多玛与蛾摩拉，两座黑暗城市留给我们太多悬疑。

✦ 索多玛与蛾摩拉是警示还是预兆，我们不得而知。

古格王城

湮/没/于/高/原/上/的/文/明

> 这个国家于一场战争后神秘消失，十万之众就此湮没在历史的遗迹中；这个国家在存在之时，曾铸造出令无数人着迷的'古格银眼'；在它消失后，一座无头干尸洞引得世人对其覆灭后的历史产生遐想，这个国家就是建立于地球上离大海最远地方的古格王城。

心跳瞬间

与世界上其他诸多神秘消失王国不同的是，到现在，你还可以准确地知道古格王城的具体位置，这座王城的遗址就在距西藏阿里的札达县城3～4千米处，位于象泉河南岸的泽布兰村附近的一座黄土山上。

❖ 残存的遗迹仍可见当年的辉煌。

在17世纪初，与古格国同宗的西部邻族拉达克人发动了入侵战争，最后拉达克人用卑鄙的手法征服了古格王国。但让人感到奇怪的是，一个有着700多年历史和10多万人口的国家，在这次征服后就突然消失得无影无踪。

单纯的一场战争是无法消灭10万之众的，这10万之众的下落也就此成谜，古格王城的居民去了何方，如果古格国还有后裔，那他们又在哪里，这都是吸引考古学家进行解答的未解之谜。

从现存的古格王城遗址看，古格王城依山而建，在遗址东北侧，屹立着3座10米高的佛塔，这也是佛教对古格王城影响的见证；山坡上，蜂房似地密布着800多孔洞窟；中间有数幢红墙白壁的建筑，那也是完好无损的庙宇。古格王城的住

INFORMATION

🏔 地理位置
中国西藏

🔮 神秘指数
★★★

保存完好的佛教壁画

宿有严格的等级制度：山下是奴隶居住，山坡上是达官贵族的住宿，有的洞窟则是僧侣的修行地。古格王城的王宫坐落于山的最高处，只有一条小路能从山下通向皇宫。就因为这个易守难攻的地形，也引出了古格王城灭亡时的凄美故事。

据记载，1630年，古格王城因佛教与王权的斗争而爆发了内乱，恰在此时，与古格同宗的西部邻族拉达克人发动了入侵战争，但拉达克人久攻不下古格都城，在这种情况下，拉达克人将俘虏的古格臣民驱赶到前沿阵地，命令他们从山脚下往山顶修筑一道高大的石墙。

看到臣民在烈日下因修建石墙而死，古格国的国王决定接受拉达克人的条件，降王为臣，以保全古格民众的生命。就是在这场战争后，古格王城就此沉沦，他的人民也不再见诸任何史料记载之中，唯一留下的就是在遗址中被发现的无头干尸洞。

在300多年后的今天，让所有到此参观的人感到吃惊的是，经历了3个多世纪的变迁后，古格王城遗址中的壁画仍然保存完好，好像昨天才刚刚制作完成，在300多年的时间里人类几乎不知其存在，没有人类活动去破坏它的建筑和街道，修正它的文字和宗教，到现在，漫步在古城遗址中，还不时可以见到深深地嵌入土山中的铠甲片和铁箭镞。

这座古城究竟有什么样的秘密？在古格王城的遗址中还发现了大量的藤制盾牌和藤制箭杆，但这一地区是一片荒漠，根本没有藤树，据此，也有人说古格是西藏高原上的农业国，如果此言属实，那么这一地区的地理面貌在这300多年里就发生了惊天的变化，究竟是人造就了古格王城，还是古格王城造就了生活在这里的人？这都有待于历史学家的进一步考证、发现。

古格王城的王宫坐落于山的最高处，只有一条小路能从山下通向皇宫，要爬上山顶绝非易事。

楼兰古国

西/域/佳/人

> 楼兰古国，像一位阅尽人间世事的老者，淡定从容；又像一位不谙世事的少女，简单纯情。

心跳瞬间

INFORMATION

🏯 地理位置
中国新疆

🗺 神秘指数
★★★

西域有佳人，绝世而独立。一曲"楼兰姑娘"，浓郁的西域风情款款而来，拨动了纯真的情怀，那片沙漠中的故园残垣断壁，是否有人在永恒地等待？

楼兰，曾经是交通要道，来来往往的驼队承载着希望。罗布泊荡涤的空气清新醉人，柽柳、胡杨林里鸟鸣阵阵，轻纱薄面的姑娘婀娜多姿。从公元2~5世纪，楼兰是丝绸之路必不可少的信号，它的频频出现诠释着东西方文明的交汇。但是公元5世纪之后，"楼兰"二字莫名从史籍中消失，甚至有关它的只言片语再未出现。楼兰，充满风情的地方就这么消失了？

1274年，意大利人马可·波罗重走丝绸之路，本以为能与美丽姑娘奇妙相逢，却失望而归。直到20世纪初，瑞典探险家

斯文·赫定寻找移动的罗布泊时，在遮天蔽日的风沙中隐约看见城墙、街道、烽火台。斯文·赫定就这样又一次进入了中国秘密，找到了消失千年的楼兰古国。滚滚黄沙中，坍塌的墙垣形影相吊，凌乱的建筑诉说着历史的沧桑。趋之若鹜的各国探险家被它的美貌与厚重征服，城内每个角落都散发着别样的味道。斑驳的墙体丝毫无损它的绝世气质。

楼兰古国，像一位阅尽人间世事的少妇，淡定从容；又像一位不谙世事的少女，简单纯情。3800年前的楼兰美女木乃伊诠释着纯粹的楼兰气质，当时出土的木乃伊近千具，千年干尸本就令人惊叹，而这具女尸面容清晰，仍具肉感，身着羊皮、脚蹬皮靴，尽管布满了岁月的痕迹，仍然无法掩饰其俊美的面容，尤其那浓重的忧郁神情令人动容。

楼兰城内散落的陶瓷碎片仿佛提醒着什么，是因为水源的缺失，城池才被废弃？在那个驼铃阵阵的年代，水源虽然至关重要，但是并不足够决定一座城市的废弃。战争，争权夺利的战争吗？这里确是兵家必争之地，既然如此重要，更不可能被废弃。究竟什么原因让曾经的繁华成为过眼云烟，一片绿洲埋于黄沙之下？

对于楼兰的挖掘还没有完全结束，太多的疑问纠缠在一起。楼兰，越是接近，越是神秘。

也许满目黄沙的它并不想让人打扰它的清净。

罗布泊的楼兰佛塔遗址如一位沧桑的老人在诉说着古老的故事。

满目疮痍的楼兰散发着凄凉的味道。

特奥蒂瓦坎

诸/神/的/"太/阳/系"

> 有人说是神建造了特奥蒂瓦坎城，倒不如说特奥蒂瓦坎城建造了特奥蒂瓦坎城。

心跳瞬间

INFORMATION

🏛 地理位置
墨西哥

🔮 神秘指数
★★★★★

❀ 特奥蒂瓦坎，印第安人纳瓦语中"创造太阳和月亮的地方"为何成了阿兹特克人心中的"黄泉大道"了呢？

他们从何而来，又去了哪里？无人晓得。公元10世纪，当阿兹特克人走进这座古城时，空荡荡的天地间唯有诸神的陵墓矗立在呼啸而过的寒风中。

有人说是神建造了特奥蒂瓦坎城，倒不如说特奥蒂瓦坎城建造了特奥蒂瓦坎城。特奥蒂瓦坎——"创造太阳和月亮"的诸神之城，彰显了古人超人的智慧。据考证，特奥蒂瓦坎城全盛时期居民近20万人，当阿兹特克人驰骋在美洲大地时，特奥蒂瓦坎已成废墟，寂静广阔的广场上空无一人，他们悄无声息地蒸发了。于是特奥蒂瓦城被阿兹特克人称为"黄泉大道"。

太阳金字塔当属城中最大的建筑，深褐色的巨石逐层累叠，散发着冷峻的光芒。公元2世纪，文明滥觞，特奥蒂瓦坎人并未掌握铁质工具，如何将取自远方的巨石雕琢，至今还是个谜。

宗教仪式是虔诚的表现，每逢祭祀，牺牲石上捆绑着祭祀用的活人，祭司立于塔顶之上，头戴石头雕刻的面具，一番舞

蹈之后，剖胸取心献给诸神。祭祀结束，尸体即在"黄泉大道"上火化。特奥蒂瓦坎没有土葬的习惯，所有的尸体都放于大道之上公然火化。这是一种神秘的宗教，仅存的遗迹星星点点地昭示着宗教仪式的严谨和血腥。

墨西哥人一直醉心于研究特奥蒂瓦坎城与星外智慧之间的关系。也确实如此，太多疑点指向了太空

深处。特奥蒂瓦坎城诸神陵墓和庙宇之间的距离恰如其分地诠释了太阳系行星运行轨迹，甚至于火星和木星间的小行星带都不差毫厘。太阳和地球、太阳和水星……每个单位都精准无误。"黄泉大道"尽头为月亮金字塔中心，测量数据显示这是天王星的轨道数据。而再将"黄泉大道"延长，一座神庙和神塔的距离正是海王星的轨道数据。

难道有什么神秘力量点拨特奥蒂瓦城建设者？除了星外智慧，好像别无它解。有人说特奥蒂瓦人是来自天外的智者，风雨之后又回到了浩瀚星空。特奥蒂瓦城最终被遗弃了，杂草林乱的废墟依然让人着迷，斑驳的金字塔墙壁青苔围绕，来自远古的风声传递着无解的密码。

面对层层迷雾，我们也只能说特奥蒂瓦城自己建造了自己。

圣迹解码

——最神秘的15处文明遗存

Mystic Zone

吉萨大金字塔
伟/大/文/明/的/遗/嘱

> 法老的诅咒、木乃伊之谜、'金字塔能'、离奇的猜测、无法理解的考古发现……金字塔——'一个地球伟大文明的遗嘱',令现代科技异常尴尬,除了无比神秘更让人心生敬畏。

心跳瞬间

🏵金字塔的秘密是一个永恒的话题。

SHRINE DECODING

从公元前3150年完成统一到公元前332年被希腊征服,3000多年的历史中,埃及人写就了人类神话,其中最为神秘的便是已然矗立数千年的埃及金字塔。法老的诅咒、木乃伊之谜、"金字塔能"、离奇的猜测、无法理解的考古发现……金字塔——"一个地球伟大文明的遗嘱",令现代科技异常尴尬,除了无比神秘更让人心生敬畏。

"人类惧怕时间,时间惧怕金字塔",这句埃及谚语直抵金字塔精髓,历史固然中断,但埃及文明的脚步并未停歇。作为"太阳神阿蒙之子",法老永世影响着埃及文化进程。吉萨高地漫天黄沙中一座座金字塔建筑巍然屹立,驼铃渐近,日垂西暮,真如阿拉伯挂毯一样精美而有韵味。最为凸显的便是法老胡夫的大金字塔,147米的塔身异常扎眼,据考证是由约230万块巨石相互累积而成,每块平均重约两吨半。没有任何黏合物的石块缝隙严密的连刀尖都插不进去。塔身四周正对东西南北四个方向,误差仅几厘米。据说当时动用了10万劳动力,耗时30年时间才得以完成。这是建筑史上的奇迹,直至今天我们仍不得而知金字塔的建造原理,如何采集、搬运石块,如何相互累积?巨大的石块中藏尽了神秘的力量。曾经有人想依样画葫芦复制胡夫金字塔,但都以失败告终。大金字塔只属于法老胡夫,不得任何人染指。

为何修建如此庞然大物?《金字塔铭文》中记载"为他

（法老）建造起上天的天梯，以便他可由此上到天上"。期待永生的法老冀望死后成为无比高贵的"太阳神"，金字塔就是"成神"的天梯以便"天空把自己的光芒伸向你"。尖锥形金字塔是金字塔最完美的形式，走在黄沙之中，沿着金字塔棱线向西方望去，在云层的缝隙中，金字塔果真如太阳光芒般洒向大地，极为神圣。云层在金字塔侧面不时幻化出各种形状的影子，感觉金字塔像活的一样生动。

1922年11月，人类第一次走入大金字塔内部，英国探险家卡纳冯爵士率队开启了陵墓的封印，阴暗低矮的墓穴充斥着几千年前的空气，弥漫着死亡的味道。一道咒语刻于甬道："不论是谁骚扰了法老的安宁，死神之翼将在它的头上降临"。不久，卡纳冯左颊被蚊子叮了一口，最终这个小小的伤口竟要了他的命。诅咒灵验了。金字塔咒语虽未阻挡住人们的好奇

金字塔的神秘面纱不知何时能够掀开。

圣迹解码——最神秘的15处文明遗存

遥望金字塔，仍能感觉得到它的神秘气息。

心，但是一次次死亡事件验证了诅咒的存在。据美国《医学月刊》的调查显示，进入金字塔中的人在未来10年内死于癌症的高达40%。走进金字塔深处的人们不约而同感染上一种神秘的病毒，这种致命病毒尚无特效药，能否活下去只有听天由命。有人惊呼法老发怒了，有人质疑墓穴中尘封的空气，不论何种解释，金字塔诅咒还在蔓延，我们对此毫无对策。

"金字塔能"，这是近年关于大金字塔最流行的话题。法国人鲍维斯在大金字塔"王室"厅堂内惊奇地发现所有的动物尸体在这里不是腐烂分解而是脱水和木乃伊化了。这个发现引起了一场变革，许多储藏食物的器皿被设计为金字塔形状。在那个年代埃及人是如何发现金字塔构造保鲜防止腐烂的功能的？实在令人费解，与其他金字塔构造物相比，大金字塔内防腐烂功能极为突出，难道其内有一种神秘的力量能将东西冷冻？"金字塔能"，一道令人作难的命题，挑战着现代科技。

回到公元前2500年的天象，大金字塔4个坑道正好对应当时4颗极为明亮的恒星。更为神奇的是以尼罗河作为天上的银河，吉萨3座金字塔恰恰是猎户座腰身3颗恒心的位置，因为对于埃及人而言，猎户座即天堂所在，神就住在那里。

当一些事情在我们理解之外时，星外智慧就会成为破解代言词。狂热的星外智慧崇拜者坚信只有外星人才能建设如此完美的金字塔。没有人能推翻他们的说法，因为经过胡夫金字塔的经线十分精准地将地球一分为二，除却远在天外的星外智慧又有谁能做到呢？

边棱利落的大金字塔用它的尖顶呼应着苍天，带着历史的沧桑和厚重，也许它就是金字塔，并不需要解释。

2 奇琴伊察

指/尖/的/灵/魂

66 曾有人说，奇琴伊察是玛雅人释放的灵魂。诚然如此。它几乎凝聚了所有玛雅人的神秘和智慧。**99**

圣迹解码——最神秘的15处文明遗存

玛雅文明，它会深深地将你吸引，你却触及不到它的灵魂。

对于纵横中美洲的玛雅人而言，建立领地而后将其废弃是一种永恒的生活。奇琴伊察也未能逃脱宿命。这处玛雅人鼎盛时期的圣殿，集合了玛雅人所有的智慧和才能，彰显了一个奇异的文明进程。如果说传统印象中的玛雅人温和尔雅，那么奇琴伊察则完全是一位斗士形象，战争和献身是圣殿的主题。

建于10世纪的库若尔甘金字塔雄踞奇琴伊察正中，意为"带羽毛的蛇神"，是玛雅人所崇拜的神祇。库若尔甘金字塔总高近30米，9层台阶逐层向上收缩。顶部是一个高达6米的方形神庙。庙内一尊红公美洲豹石雕，周身镶嵌玉石碎片，据传这是"雨神"恰克神的动物化身。羽蛇神雕刻布满了飞檐、墙壁和石柱。浮雕上的象形文字讲述着没有人能听懂的悠长往事。

曾有人说，奇琴伊察是玛雅人释放的灵魂。诚然如此。它几乎凝聚了所有玛雅人的神秘和智慧。库若尔甘金字塔四面的台阶和阶梯平台数目正好是一年的天数和月数——365天和12

INFORMATION

🏛 地理位置
墨西哥

🗓 神秘指数
★★★★★

库若尔甘金字塔本身就是一个巨大的秘密。

个月。52块浮雕石板恰恰是玛雅日历中一轮回年。台阶最下端是一对硕大的蛇头伸出近1.6米长，0.35米宽的巨舌，远远看去犹如两条巨蛇正从塔顶蜿蜒而下。金字塔阶梯正对东西南北四个方向，不差毫厘。每逢春分和秋分的日落时分，阳光照于边墙形成一系列的等腰三角形，像极了该地的响尾蛇花纹。光影与蛇头呼应，随着太阳的变化而缓慢蠕动，弯弯曲曲就像巨蟒游向宽厚的大地。这就是著名的"光影蛇形"，喻示着羽蛇神的苏醒，整个过程持续3小时20分。在那个年代能如此精确地划分春秋之际的似乎唯有玛雅人。

奇琴伊察的武士庙是当时世界上最为超前的杰作，1000根圆柱就像1000个武士佑护着神明。而今穹庐形的石头房顶没了踪影，空余雕刻有蛇头的立柱。天文台是玛雅文化中唯一的圆形建筑，内置旋梯连接各层。通过圆顶的8个小窗口，玛雅人洞察着斗转星移，世事变迁。对于天文，玛雅人有着超乎寻常的热情和毅力，以至于让人怀疑玛雅人是否源于地球？

玛雅人的生死观十分奇妙，他们畏惧死亡，却拿活人当供品。奇琴伊察太多的遗迹讲述着残忍的祭祀，墙壁上斩首的图案，血腥的心脏，堆积的头盖骨……武士庙中的人像就是用来盛放活人的心脏祭祀羽蛇神，没有锋利的尖刀，但是取心手法堪比外科专家，痛苦还是宣泄，只有玛雅人晓得。

奇琴伊察，玛雅语中"伊察人的井口"，周边丛林密布，却没有河流湖泊，仅靠天然的地下水池维持着部落的繁衍生息。因此，祭祀"雨神"是玛雅部落最重要的宗教仪式。每到祭献的日子，国王都要挑选一名14岁的美丽少女投入"雨神宫殿"中的圣井，同时将各种黄金珠宝丢入井中，以求来年风调雨顺。

在玛雅人突然消失后，这口汇聚无数珍宝的圣井也渐渐被丛林荒蛮所湮没。20世纪初，美国人汤普森仅用17美元就霸占了奇琴伊察大片土地，他试图在那里寻找失踪的"圣井"。汤普森确实找到了上万件金银玉器，但是那只是圣井旁边的一个洞穴。玛雅人真正的"圣井"依然埋没于密林之

每逢春分和秋分的日落时分，阳光照于边墙形成一系列的等腰三角形，像极了该地的响尾蛇花纹。

羽蛇形石柱旁的武士，半躺在地上，胃部放的圆盘就是用来放人的心脏的。

✻奇琴伊察的天文观象
台是玛雅建筑中极为重
要的一座建筑物。

中，依然"深不可测"。

　　奇琴伊察的球场规模之大令人震撼。7座巨大的球场长百
米，宽35米，球场两端建有庙宇。对于玛雅人而言，球场上的竞
赛就是一场生死之战，失败就意味着死亡。球场墙壁上被砍头
的失败者鲜血坠地。竞赛是玛雅人重要的娱乐活动，同时具有
浓重的宗教意义，但其真正的意义我们还不清楚。

　　玛雅人，玛雅文明，都像从天而降一般，挑战着我们已
知的常识。每一处遗迹都是一个未解之谜，每一笔雕刻都别有
内涵。他们到底是一个怎样的民族？他们到底来自哪里又去了
何方？辉煌的文明已成点点废墟，青藤缠绕的是存在的最后证
明。黄昏迷离光影下高耸的石柱、恢宏的金字塔，层层叠叠的
石阶、巨大的神庙、狰狞的石像、晃动的蛇身……神秘气息弥
漫其中，静心倾听，一个古老文明的秘密在风中飘荡。

巨石阵

历/史/的/困/惑

INFORMATION

🏛 地理位置
英国

🗺 神秘指数
★★★★★

在英国伦敦西南的索尔兹伯里平原上，几十块巍峨的环形巨石列阵而立，没有任何修饰痕迹的岩石原始而冰冷，从远古到现在他们就一直存在，没有人知道它们来自哪里，也没有人知道为什么它们要在这里停驻。千万年的岁月，风沙的侵蚀，只是徒增了巨石的神秘。

古英语中"巨石阵"意为"高高悬在天上的石头"，诚然如此。远观巨石阵，确如从天上伸入地中一般，若再加些云雾，更加增添了其神秘气息。高耸的石柱重达十几吨，最高的约6米，石柱之间用厚重的石楣相连，彼此相依，形成了一个长廊。巨石阵中间有5座门状石塔，呈向心圆状排列，影影绰绰中，总是让人心生畏惧。

英国人曾经很热衷探究巨石阵的意义，有人推测是外星来客的指示物，有人认为是古老家族的王室墓地，有人则认为这是英伦文明的发源地等，每种说法各有道理，却都不能完全令人信服。在虔诚的特鲁伊特信徒心中，巨石阵已经不仅仅是几块苍天而立的石头，他们认为巨石阵的存在就是为了唤醒人类内心和自然力量之间的某种天然联系。也许当一些事无法用常理解释时，赋予宗教的意义就能诠释一切。

如今巨石阵始于何年终于有了一个确切年

❀巨大的条形石，在一望无际的平原上投下神秘的影子，在英国人心目中，巨石阵是一个神圣的地方。

代——公元前3100年。而后1000年的时间只是在索尔兹伯里平原之上树立了两个圆圈，56个土坛。再用了200年时间，方才有了现在巨石阵的大体模样——林立的巨石，横卧的石楣。夏至时节，太阳会从石阵东部的石拱门内升起，仿佛某种仪式一般庄严而肃穆。凯尔特人在此与巨石阵为伴多年，离开了；随后的特鲁伊特人留下了。

❋充满神秘色彩的巨石阵是夏至日人们朝圣的地方。

巨石阵在500年的时间内被不停地转换位置。没有人知道为什么要这样做，就像没有人知道为什么在公元前3100年人们要修建巨石阵一般。那个荒芜的年代，修建此阵所需的人力物力简直无法想象，而将远在几百千米的巨石搬运至此的方法更是令后人诧异。祭奠先祖、追寻太阳、某种宗教仪式……真的就能驱动当时之人完成此项如此巨大的工程？

关于巨石阵，有太多的疑问，所有的解释只是更加增添了它的神秘。英国人的历史在此出现了困惑。

❋巨石在苍穹下威严的气势，促使人们膜拜在石下。

这是一个崇拜太阳并有着神秘宗教仪式的地方，一个众多女人居住的隐秘之地。

马丘比丘

失/落/的/印/加/之/城

> 66 马丘比丘，这座云雾笼罩的城市何时才能给我们真实，那众多的头骨和木乃伊传递着怎样的信息…… 99

心跳瞬间

INFORMATION

🏛 **地理位置**
秘鲁

🗺 **神秘指数**
★★★★★

马丘比丘，这个被智利诗人聂鲁达称为"人类曙光的崇高堤防"，内敛隐秘，那无奈逝去的光华，在文明的进程中熠熠生辉，尽管只能缅怀。

这座用激情和梦想铸造的石头之城，3000多级台阶的100多座石梯将不同部分紧密相连，200座建筑浑然一气。每个台阶几乎都由一整块巨大的花岗岩凿成，所有建筑没有泥浆的痕迹。磨光的墙壁、完美的连接、发达的水系，各个区域分工明确，北部为宫阙、庙宇、楼阁亭台，南部是作坊、居室、公共场所。走在无人的城中，怀古的忧思中消逝的空虚时时袭来，马丘比丘城中埋藏了多少历史烟云？

蛮荒时代，如何将20吨重的巨石运到崎岖狭窄的山脊上，至今是一个谜。古老的印加文明在山巅之上创造了伟大的奇迹，却没有自己的文字。当他们口口相传自己的历史时，唯有马丘比丘能听懂他们的话语。16世纪初，印加帝国雄霸一方，600万人口纵横在美洲大地，坚固的马丘比丘城攻守兼备。但数百名西班牙人的闯入，将一切既定事实毁灭。短短时间，帝国消亡了。马丘比丘成为一座失落的城池。印加文明在风中战栗，却找不到帝国消亡的原因，阴谋、谎言、伎俩，印加口述历史中的字眼耐人寻味。

印加人自称"太阳的子孙"，据此有人认为马丘比丘除却居住功能更多担当了祭祀的任务。城中祭坛高筑，神庙众多，尤其是太阳神庙，切割得极为精细的大理石完全靠精巧的设计垒砌，圆形外观神秘莫测。城中所发掘的头骨绝大多数为女性，难道是敬献给太阳神的祭品。

马丘比丘，这座云雾笼罩的城市何时才能给我们真实，那众多的头骨和木乃伊传递着怎样的信息，印加人为什么要在山峦之上建造此城？为什么马丘比丘会悄然没落？悬案无穷，印加本来就是一个谜。

❧一簇簇石头屋和绿草如茵的院子依次排列。石砌小道蜿蜒曲折、层层梯田绿意盎然、叠叠石屋古朴可爱。（左图）

❧太阳崇拜是马丘比丘的灵魂。（右图）

克里特岛米诺斯迷宫

蓝/色/迷/情

> 一个充满神话传说的岛屿，一个充满传奇色彩的文明，一座神秘莫测的迷宫，这就是克里特岛。是童话传说还是真实存在？是豪华宫殿还是地狱之门？是邪恶凶猛还是纯洁善良？

心跳瞬间

在 古希腊蓝色的大海上，有一个笼罩在神秘面纱之下的岛屿，它就是克里特岛。传说米诺斯是宙斯的儿子，他享受着万能的众神之王宙斯的关爱，创造了世人惊叹的米诺斯文明；神秘莫测的米诺斯迷宫，充满了诡异和传奇色彩。

由于米诺斯违背了海神波塞冬的旨意，未将美丽而强壮的公牛献祭而遭到惩罚：米诺斯的妻子帕西淮疯狂地爱上了这头公牛，并生下了一个牛首人身的怪物米诺陶。

相传天神修建了米诺斯迷宫来关押米诺陶。被米诺斯征服的雅典被迫每隔9年进贡7个童男7个童女，供米诺陶食用。作为第三次贡品的雅典王子忒修斯，手提魔剑，杀死了米诺陶，循线团走出迷宫。兴奋过度的忒修斯忘记了与父亲平安归来挂白帆的约定，致其父亲跳海身亡。爱琴海的名字就是源于这个传说。

而米诺斯迷宫遗址的发掘，似乎关于怪物米诺陶的传说并不是无中生有：墙壁上、浮雕上、石制及金制的餐具上都能看到牛的图案——或在戏耍圆球，或在狂怒奔跑。而克里特斗牛士与牛的争斗则神秘莫测，或抓住牛的双角，或在奔跑的牛背上翻跟头——这是根本超越人的能力极限的。

"金銮殿"的墙上有着神秘的狮身鹰首怪兽——把邪恶与纯洁统一，把凶猛与善良统一，这让人百思不得其解而又毛骨悚然。精美壁画里的优雅仕女图是神婆、弄蛇女巫还是女神？"御座之室"浓厚的宗教味让人联想到它是"地下世界的恐怖法庭"而不是一座宫殿。

暮色苍茫中，米诺斯古文明的迷宫神秘莫测，相信某一天人类会找到打开迷宫的钥匙。

INFORMATION

🏛 地理位置
希腊

🗺 神秘指数
★★★★

SHRINE DECODING

这是一个富饶而秀美的岛屿，也是一个充满了神话传说的岛屿。（上图）

御座的墙面壁画上有神秘的狮身鹰首怪兽图案，既彰显权威又让人毛骨悚然。（左下图）

克诺索斯王宫是米诺斯王国的宫室，除顶盖之外，地墓、墙体、壁画都保存得十分完整。（右下图）

佩特拉古城

千/年/一/梦

> 66 佩特拉就如同一本刚被翻开的书籍，周遭都是神秘的气氛，无论走到哪里，你总会面对这样或那样的疑问。99

心跳瞬间

INFORMATION

🏛 地理位置
　约旦

📷 神秘指数
★★★★

佩特拉，《旧约全书》中摩西出埃及"点石出水"的地方，茫茫沙漠中一座黝黑冷峻的山脉将它隐藏了近千年，云雾缭绕中弥漫着它的传奇历史。这里就是传说中阿里巴巴的宝库。

"一座玫瑰红的城市，其历史中有人类历史的一半"，英国诗人对佩特拉如此赞誉。佩特拉就如同一本刚被翻开的书籍，周遭都是神秘的气氛，无论走到哪里，你总会面对这样或那样的疑问。公元1812年，这座隐秘的城市被瑞士探险家约翰·伯克哈特重新发现，千余年的岁月没有改变这座废墟的华美，所有的一切都雕刻在了佩特拉每一片岩石之上。

进入佩特拉并非易事，悠长的西克峡谷回环曲折。两侧千仞峭壁，抬头仅见一线青天。转过峡谷，阿里巴巴宝库让一

切豁然开朗。高约39.6米、宽约30.4米的卡兹尼是佩特拉的象征。整座建筑完全雕刻于岩石之中，门楣相间，殿宇重叠。底层6根直径2米高约10米的大圆柱气势雄伟，上层三组高大的亭柱雕刻高贵优雅，9尊罗马式神像浮雕栩栩如生，极富神韵。天使、圣母、带有翅膀的战士石像立于石龛，虽然经历岁月有些暗淡，但依稀可辨昔日风采。山谷一边岩壁上延伸出数不清的方形小室，似坟墓又似修行的洞穴。

阳光下，佩特拉各色岩石绽放着自己的光芒，粉色、红色、橘色、深红色层层叠叠。尽管佩特拉只余残缺部分，但是依然在天地之间熠熠生辉。也许它并非完全是玫瑰红色，但是它那诱人的质感着实令人动容，令人不忍惊动它的静谧。

佩特拉废墟绝大部分依然隐于黄沙之中，之下是一座宫殿还真是阿里巴巴的宝库抑或一座罗马教堂？

当我们被佩特拉征服时，不得不承认，我们对它的了解实在太少。它建于哪个年代，由什么人修建，又为何被废弃？那些残留的廊柱、神秘的纸草文牍、大坝的残片……佩特拉总在挑战着人类贫瘠的想象力。

繁华盛世后的落寞本来就是一种神秘。

巴尔别克

巨/石/之/谜

" 黎巴嫩巴尔别克小村，三块巨石堆砌的外围城墙，雄伟、壮阔，不可思议。巨石之谜，神秘莫测。"

✤巴力神庙的遗址从斑驳之中仍能看见当年的华美之气。

北纬30°线，这是一个让人类充满了震撼、恐惧和迷惑的地带。在这条纬线上，既有许多奇妙的自然景观（巴黎空中花园），也存在着许多无法解释的怪异现象（百慕大魔

鬼三角），更加令人神秘难测的是，这条纬线又是世界上许多著名的自然及文明之谜的所在地（埃及金字塔）。黎巴嫩巴尔别克小村，就位于北纬30°线上。

巴尔别克小村，荒凉僻静，在郁郁葱葱的原始森林的掩盖下，一个荒废了几千年之久的原始部落神殿遗址静静地存在着，在历史的长河里孤独地生活，冷眼面对着日升日落，直到人类的突然闯入。

巴尔别克小村深深地震撼了人类的灵魂。它的雄伟，它的壮阔，它的不可思议，它的神秘莫测，让人们为之折服，为之感叹，为之迷茫。

✿ 刻有题词的石头是当时的见证者，它们默默地注视着这里的一切。

你能想象得到吗？整个巴尔别克村的外围城墙只用了3块巨石砌成。在我们的头脑中，3块巨石堆砌成一个方圆10米的圆，已经不可思议了。一个小村子，方圆也得几千米吧，3块巨石竟然堆砌了整个村子的外围围墙，这似乎是天方夜谭！可事实确实如此。这3块巨石，每块重量都超过1000吨，也即是100万千克，这个数字，也许还引不起你的震惊。换个具体的计算，也就是说每块石头，都可以建造3幢高5层、宽6米、深12米的楼房，且墙厚度达30厘米。这个数字吓人吧！

巨石是怎么来到巴尔别克村的，又是用何种方法建造的，迄今为止，仍是一个谜团。在缺乏机械化工具的远古时代，贫困落后的巴尔别克居民是如何用巨石围绕村子的？难道是居民利用了巨石得天独厚的围墙优势迁居于此？说不清，道不明，留下的只有疑问。

这3块巨石，无疑是3个大大的问号，在考问着自以为是的人类。它们历经沧桑，仍然执着地矗立于这个偏远的小村。

它吸引人类的不仅是令人惊叹的宏伟壮丽和艺术价值，更主要的是它在向人类挑战，在挑战人类的思维意识。也许巴尔别克居民还拥有着我们现代人不知道的某种能量呢！

＊圣迹解码——最神秘的15处文明遗存＊

土耳其阿波罗神殿

一/切/皆/于/人

> 光明、真理的象征者太阳神阿波罗，是人类心灵的寄托者。繁华神圣的阿波罗神殿如今却成为荒凉而又诡异的废墟。

心跳瞬间

太阳神阿波罗，被视为真理的掌握者，他寄托着希望、幸福与快乐，不仅是众神的心灵归属地，更是世人迷拜推崇的正义者。然而神圣的阿波罗神殿却屡遭破坏，只剩下了一片废墟，残阳西下，形影相吊，荒凉而又诡异。

传说阿波罗降生时，天空掀起了万丈金光，眉心嵌着一个耀眼的太阳，所以被宙斯封为太阳神。生性善良的阿波罗得到了众神的爱戴，传说，美貌的月桂女神难以忍受阿波罗的热情而化成了一棵月桂树。太阳黑子，就是太阳神阿波罗心中为月桂留下的永远遮蔽。

赫拉波里斯，土耳其西南部的一个城镇，曾是古希腊著名的城邦，也是比较完整的古希腊遗址。而据古希腊神话记载，这里是"通往地狱的大门"。在那，发现了阿波罗太阳神殿。

INFORMATION

🏛 地理位置
土耳其

🎴 神秘指数
★★★

这里是古希腊神秘之地，据说曾是古代世界精神文明的中心。如此神圣壮丽豪华的宫殿竟然被邪恶者多次焚烧、摧毁，仅仅是"不求扬名于世，但求遗臭万年"，这是多么虚荣而又荒诞无稽的妄想，这是多么让人痛心疾首的恶行。多次的破坏、抢劫、掠夺和焚烧，阿波罗神殿昔日的繁华早已不再，只剩下7根长短不一的柱子，到处是残垣断壁，荒凉一片。夜晚来临时，诡异的月光散发着邪恶的光芒，把深黑的夜染成了银蓝色，笼罩着天空，笼罩着诡秘的神殿。阴风肆虐，发出恐怖的魔幻般的刺耳声，神秘莫测，到处是不安的元素，好似幽冥婉转。神殿地下的神秘死亡密室，至今还弥漫着自然产生的有毒气体，任何有生物只要进入这个洞穴就会立即死亡。"擅入神殿者死"，这是惩罚，也是警告。这个产生神秘的、新奇的、不可思议的"特殊效果"的建筑物让世人惊叹，也让人毛骨悚然。

阿波罗神殿，这个古代世界精神文明的中心，如今却是一个荒凉的废墟。拥有辉煌、荣耀的同时，也遭嫉妒攻击而被毁灭。人类，既创造了巨大文明，也让其消失在自己的手中。

✤阿波罗神殿中的蛇发女妖美杜莎的头像，其阴郁的眼神充满了恐怖。

蒂亚瓦纳科

太/阳/门/之/谜

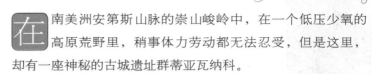

> 虽历经沧桑但依旧难掩其雄伟壮丽，神秘莫测的古城蒂亚瓦纳科，让人惊叹不已。规模宏大的建筑群，巨石雕琢的大方城，高不可攀的围墙，宏伟壮观的城门，神秘莫测的太阳门，精雕细琢的图案……

心跳瞬间

INFORMATION

🏛 地理位置
玻利维亚

🗺 神秘指数
★★★★★

在南美洲安第斯山脉的崇山峻岭中，在一个低压少氧的高原荒野里，稍事体力劳动都无法忍受，但是这里，却有一座神秘的古城遗址群蒂亚瓦纳科。

残存的废墟显示了蒂亚瓦纳科曾经的辉煌。规模宏大的建筑群，巨石雕琢的大方城，宏伟壮观的城门，神秘莫测的太阳门，精雕细琢的图案……这些庞大的、不可思议的建筑遗群虽然历经沧桑，但其雄伟壮丽仍让人们惊叹不已，吸引着人们踏上那神秘的蒂亚瓦纳科，去寻找太阳门之谜。

太阳门，又名巨石门，因刻有太阳神形象而得名。世代居住在南美大陆的印加人自古以来就崇拜光辉灿烂的太阳。传说太阳神曾亲自降临安第斯高原。凡是看到过"太阳门"的人，无不对它的宏伟壮观惊叹不已。它由一块完整的巨型安山岩雕镂而成，高近3米，宽达5米，造型庄重，比例匀称。"太阳门"重达百吨，真是无法想象人力是怎么搬运这块巨石的。似乎除了超人外，没有人能够做到。要把这么庞大沉重的石门立起来，必须要用大型的起重机。而当时的印加人连车辆都没有，他们是怎样把这巨大的石门立起来的？传说，蒂亚瓦纳科所有的建筑都是一夜之间突然出现的……"一块一块巨型石头奇迹般地从地面升起，随

卡拉萨撒亚庙的入口处，在当地印第安语中，卡拉萨撒亚是"竖立石头的地方"之意。

着号角声，在空中飘行，降临到它的居处……"

　　耐人寻味的是，"太阳门"不仅是个庞然大物，它上面还雕刻着极其精美的图案。门楣中央的浮雕上，那个双手持杖、头部放射万道光芒的人身豹头物就是传说中的太阳神，其旁边是带有翅膀的勇士和人格化的飞禽。浮雕形象生动逼真，展现了一个深奥而复杂的神话世界。这一切，是那么的神秘，那么的诡异。"太阳门"究竟是作什么用的呢？让我们迷惑的是，他们又是使用的什么样的工具或器械来雕刻的呢？我们无法知道，也无从知晓。

　　太阳门不仅充满了神秘色彩和复杂的寓意性，还包含了深奥的历法计数系统。据说每年9月21日黎明的第一缕曙光会沿着门洞中轴线冉冉升起，准确无误地射入门中央。这反映了印第安人丰富的天文知识。有人猜测，"太阳门"上的神秘图案是历法知识。果真如此的话，这将是世界上最古老的历法。那

❀从这些残存的遗迹中仍可想象到当年的辉煌。

么，神秘图案是如何表达历法的？又是如何计算出秋分时节太阳与"太阳门"位置关系的？那么建设这座城市的究竟是些什么人？目的何在呢？

更惊奇的是，太阳门上竟然雕刻了一万多年前灭绝的古生物"居维象亚科"（类似大象）和同期灭绝的剑齿兽。在整个巨石块底部还凿刻了一些两米多深的圆孔，这些孔的用途至今还没法解释。离太阳门不远，有个方形天井遗址，在里面挖掘出了大量的石头水管，制作之精巧令人震惊。这些石制水管是干什么用的？这个城市到底隐藏着什么秘密呢？

在这个海拔4000米左右的高原上，挖掘出了大量的海洋生物贝壳、飞鱼化石，似乎证明蒂亚瓦纳科城是一个古老的港口城市。虽然有些发现，但是却无法确定这座神秘废城的年代。城门之内，早已空寂荒芜，也没有留下什么文字记载。也许太阳门上的神秘图纹符号就是某种象形文字，但至今也没能破译出来。

神秘莫测的太阳门，精雕细琢的图案，到底想告诉我们什么呢？也许，蒂亚瓦纳科城的远古居民在考验人类的智慧吧！他们也渴望着揭秘的那一天早日到来。

❋双眼凹陷、高耸的四边形鼻子、每只手只有四个手指的神，象征着太阳的鹰，头戴锥形花冠、手握权杖而跪地的神秘动物，大睁双目、手举秃鹰的勇士，以及众多至今仍难以解释其含义的符号。

奥尔梅克遗迹

美/洲/的/母/亲/文/化

"他们来自哪里？创造了伟大文明的奥尔梅克人却无力改变消失的命运，他们去了哪里？他们是来自外星的使者吗？"

心跳瞬间

在 3000年前，当地球上的绝大多数角落处于文明黑暗中时，中美洲墨西哥海湾的炎热海岸上一个神秘的民族已经延续了数个世纪，这就是奥尔梅克人。当玛雅人的宏伟神庙高耸在美洲大地上时，它又无声地消失了。

千年的岁月湮没了奥尔梅克曾经的辉煌，直到20世纪40年代才被部分发现。对于这凭空出世的民族，人类所知甚少。唯一能确定的便是拉文塔、圣洛伦索、特雷斯—萨波特是奥尔梅克人的生活祭祀中心。他们建造了布局精密的城市、宏伟的金字塔式台庙、巨大的仪式性广场；他们雕刻出了精美的玉雕；他们发明了最早的美洲文字；他们的石头都采自80千米以外之地；他们尊奉神灵、图腾诡异；他们会将祭品埋于地下……

对此历史学家狂喜万分，以为他们找到了美洲文明的源头，不过仅此而已，奥尔梅克更多是令人大恸的一页，除却林立的遗迹没有任何他们生活的痕迹，其他一切近乎空白。他们来自哪里？创造了伟大文明的奥尔梅克人却无力改变消失的命运，他们去了哪里？他们是来自外星的使者吗？

神秘的奥尔梅克人，留给这个世界的是一个永远的谜。

INFORMATION

🏯 地理位置
墨西哥

🎭 神秘指数
★★★★★

圣迹解码——最神秘的15处文明遗存

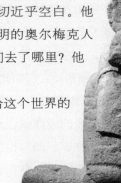

❁奥尔梅克的美洲虎神雕像，形象怪异，充满了神秘气息。

蒂卡尔

圣/灵/的/低/啸

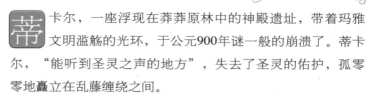

> 蒂卡尔，"能听到圣灵之声的地方"，失去了圣灵的佑护，孤零零矗立在乱藤缠绕之间。

蒂卡尔，一座浮现在莽莽原林中的神殿遗址，带着玛雅文明滥觞的光环，于公元900年谜一般的崩溃了。蒂卡尔，"能听到圣灵之声的地方"，失去了圣灵的佑护，孤零零地矗立在乱藤缠绕之间。

蒂卡尔大小300座金字塔完全被一望无际的密林和巨藤层层包裹，一隐便是几百年。金字塔呈典型的玛雅文明特征，整体呈斜截锥形，高大的台基逐级而上，顶端巍峨的神殿十分冷峻。蒂卡尔所有的建筑都是岩石铸造，智慧的玛雅人很早便掌握了高超的建筑艺术，也许玛雅人真的是天外来客，不然为何能天衣无缝地将天象融入建筑之中？

这里有美洲最高的金字塔，金字塔神殿如摩天大楼般直直地插入云霄，立于其上，周遭原始森林幽暗阴沉，远处野鸟孤鸣，不由得令人毛骨悚然，仿若听到了圣灵低啸。空中俯瞰，点点金字塔尖在密林中若隐若现，斑驳的岩石刻满了岁月的痕迹，美洲的蒂卡尔像极了柬埔寨的吴哥，一座曾经异常繁华的古城而今如此落寞，什么秘密让它们如此沉重？

蒂卡尔古城遗迹拥有近3000座建筑物，这不是全部，更多的还埋藏于地下不为人知。举世闻名的巨豹神庙、简单粗犷的绘画、无法解释的文字、残忍的活人祭祀、诡异的死骷髅和骨骼图案、精美的美洲虎玉雕……直到今天我们依旧无法确定玛雅人的生活习惯和祭祀风

❀蒂卡尔古城遗迹中的扁平石雕，上面刻有武士雕像。很有可能是用来计算日期或季节变化的。

SHRINE DECODING

俗，虽然每一座建筑都讲述着什么。随便一次驻足都可以唤起无数好奇，在蒂卡尔，神秘的玛雅人创造了异常璀璨的文明，谱写了盛世华章。

残酷的战争、灾难性气候、水源的短缺等等都有可能导致蒂卡尔被废弃，但是就像我们不知道玛雅人如何建造金字塔一样，我们同样不知道为什么玛雅人要废弃这座伟大的神殿，所有的猜测都没有证据支持，各种解释都显得牵强附会。一种伟大文明曾经存在的痕迹令人唏嘘，密林深处的蒂卡尔，我们只看到了它的表面，却接触不到它的本质。

玛雅人走了，当他们重归丛林中时，也把蒂卡尔丢给了丛林，就像一个神秘的民族睥睨着曾经属于自己的领土一样，一切只能是一个念想。

✤ 2号金字塔上耸立着的"假面神庙"散发着强大的神秘气息。

内姆鲁特·达哥山

人/神/共/舞

> 人神共舞的内姆鲁特·达哥山陵墓，气势宏伟，庄严肃穆，壮观而又充满了神秘色彩。帝王的陵寝之谜充满诱惑，冥冥之中似乎在警告人类的狂妄之举。安提俄克斯一世陵墓，沉睡于历史的秘密之中。

心跳瞬间

内姆鲁特·达哥山，因科莫金王朝国王安提俄克斯一世的陵墓而著称。安提俄克斯一世在山顶修建了自己的陵寝，并在陵墓周围雕刻了两排气势宏伟的巨神雕像，竟然把自己也位列其中，与众神一起接受人们的朝拜。巨大石像庄严肃穆地守护着这个山头。这座人神共舞的陵寝，壮观而又充满神秘色彩。

相传这位历史上好大喜功却无足轻重的国王，在临死前的那一刻，依然拥有年轻俊美的容颜，而他死的时候，已经57

✤ 这位国王，除了用众神的巨大石像来表现自己陵墓的神秘性，用位列众神之中表明自己的英明神武外，还通过浮雕表明自己是神灵的宠儿，君权神授。

岁了。同样，他美丽的妻子，在为他殉葬的时候也依旧貌美如花。这位国王的长生不老术成为科默金永不褪色的神秘传说。

陵墓是神圣的、神秘的，帝王的陵寝更是让人好奇。坟茔里究竟是什么？究竟是毛骨悚然的尸骨，还是数不尽的奇珍异宝？是金碧辉煌的宫殿，还是通往未来的时光隧道？好奇的人类总是试图解开远古之谜，一波又一波的人来到了这里，试图打开其中的秘密。

美国考古学家带来了新式的、并让现代人畏惧的武器——炸药，但是炸药并没有炸开这座坟茔，只是让它矮了50厘米，还引来了意想不到的地震。冥冥之中，似乎神灵在警告人们，不要做出让自己后悔莫及的决定。

在内姆鲁特·达哥山，还有一个让探墓者闻风丧胆的死亡杀手，一种名为卡特里的蝎子，只要发现入侵者，在确认目标的危险性后，顿时满目猩红，从四面八方不断涌来，在几秒钟内淹没他，然后，将他吞噬。多少贪婪的人类葬身在它们身下，瞬间只剩下森森白骨。

人神共舞的内姆鲁特·达哥山陵墓，让一个政治上几乎毫无建树的国王闻名于世，永载史册。国王俨然与众神一起永存于天地间，历经千年洗礼，安提俄克斯一世陵寝已伤痕累累，满目疮痍。但是，它的宏伟壮阔仍然令世人惊叹。

夕阳西下，内姆鲁特·达哥山陵墓在落日的辉映下，显得越发壮观和神秘，就让它沉睡于山地，静静地躺在历史的长河里吧！

🌸在浮雕中，他把自己和诸神并列，向世人展示了自己神性的一面。一个一个的浮雕，展示了国王与阿波罗、宙斯、大力士等神一一握手的情景，一幅人神共舞的画面栩栩如生。

INFORMATION

🏛 地理位置
土耳其

🗺 神秘指数
★★★

复活节岛石像

不/可/破/译/的/灵/魂

❝ 举世闻名的复活节岛石像，造型奇特，鬼斧神工，神情或沉思，或冷漠，直入人的灵魂深处。它从何而来，意义何在，引人入胜，发人深省。复活节岛石像，不可破译的灵魂，一个难解之谜。❞

心跳瞬间

INFORMATION

🏛 **地理位置**
　智利

🗝 **神秘指数**
　★★★★★

🌸这些巨像都是长脸、长耳、没有腿。狂风暴雨的无情摧蚀，使他们身上有了一种深刻的沧桑感。

复活节岛，以其石雕像而驰名于世，在这块贫瘠、落后的土地上，诞生了近千尊被称为摩艾（moai）的巨型石雕人像。它们构思奇特，雕技精湛，奇怪的是，均是无腿石像。或卧于山野荒坡，或躺倒在海滩，炯目有神，鼻梁高挺，眼窝深陷，嘴巴嘟翘，双耳肥大，表情冷峻，神态威严，直入人的灵魂深处。个个面朝大海，如行军出征，整装待发，蔚为壮观，着实令人赞叹。

让人称奇的是，岛上的居民称自己居住的地方为"世界的肚脐"。这种神秘而百思不得其解的叫法直到人类可以从高空鸟瞰地球时才豁然明朗：复活节岛孤悬在浩瀚的太平洋上，确实跟一个小小的"肚脐"一模一样。难道古代的岛民也曾从高空俯瞰过自己的岛屿吗？如果确实如此，远古时代的他们是如何飞到高空的呢？是谁，用什么飞行器把他们带到高空的呢？

摩艾是复活节岛上最引人注目也最使人疑惑的风景。一尊尊鬼斧神工的巨人群像雕于何时？是人类文明的高峰，还是外星人的杰作？它象征着什么？是崇拜的神，还是被神化了的祖先？雕刻的目的是什么？是供人瞻仰观赏，还是叫人顶礼膜拜？

或者是趋福避祸？万般猜测，令人玩味。

数量众多而又巨大的石像是如何屹立于海滨的？传说是外星人的杰作。也许是落难的外星人用超现代的工具制作雕像来求救吧，但

SHRINE DECODING

164

现场迟钝的石器工具又如何解释呢？为什么比地球人更文明的外星人偏偏使用笨重的原始石器来完成雕像呢？也许是岛国居民自己创造的辉煌文明吧！但是石器时代的波利尼西亚人，会使用何种工具来撬动那重达几十吨的雕像呢？贫困交加的岛上居民又怎么可能有功夫来做这些雕刻呢？而谁又能相信他们个个都拥有"巧夺天工的技艺"呢？雕塑是一种艺术，总会蕴含着那个民族的特征，而这些石像的造型，并无波利

* 圣迹解码——最神秘的15处文明遗存 *

🌸为什么制作这些遍布全岛的石雕人像，也许将是一个永远的谜。

尼西亚人的特征，也就不可能是他们制作的。那么，复活节岛上的石像到底是谁雕刻的呢？

　　一些尚未完工的石像，又是遇到什么问题而突然停了下来呢？传说，几百年里复活节岛上的瘦子部落在胖子部落的皮鞭加镣铐下以死亡为代价从事着雕凿工作，创造了这些伟大艺术品，备受摧残的瘦子终于群起造反，杀死了胖子们，打碎了枷锁，逃离了象征苦难的凿石场，雕凿工程就此停了下来。现在正从科学的角度分析当时停工的原因，可能是突然遇到天灾，比如说火山喷发，或是地震、海啸之类的自然灾害。是否真的如此，我们不得而知。也许某天，那些有着灵魂的石像会亲自告诉我们吧！

✦远眺的雕像似有无限的诉说。

在石像附近曾经发现过刻满奇异图案的木板，这是一种奇怪的木刻图案，称为朗格朗格，意思是"会说话的木头"，刻着像鱼、像鸟又像草木和船桨的神秘图案究竟是不是文字呢？它又在告诉我们什么呢？谜底至今还没有揭开。

相传复活节岛文明毁于自身。石像的雕刻引起了环境恶化，触目惊心。森林枯萎，河水干涸，所有的动物和半数以上的海洋种类全都灭绝了。人们普遍处于饥饿之中，吃他们所能找到的任何东西，还包括岛上最大的动物：人。整个社会处于战乱之中。历经饥馑、战乱，岛上的人口寥寥无几，文明衰退直到消失。

这个孤零零的东南太平洋上的小岛，尽管局限于如此之小的地球区域，但也是一种高度发达文明之明证。神秘的石像象征着什么，是谁雕塑了它们？那些深奥晦涩的符号又要表达一种什么样的情感、思想和价值？复活节岛石像之谜，越来越引起人们的兴趣和关注。

复活节岛石像，凝望着大海的方向，庄严肃穆，它们，在沉思着什么，又在期待着什么？也许，在它们的灵魂深处，渴望着人类来破解它的神秘密码吧！

马耳他岛巨石阵

古/代/"计/算/机"

> "马耳他巨石遗迹究竟何时建立？由谁而建？因何而建？是庙宇、坟墓，还是所谓的古代'计算机'？上帝都未必知道。"

心跳瞬间

马耳他，沧海一粟般的小岛，一夜之间掀起了欧洲史前研究热潮，只因那纵横交错的巨石阵。

巨石室隐藏于地下，上下3层，最深处距地面达12米，仿若地下迷宫，所有石料全部一气雕成，粗犷又精致。最初人们简单地认为这是庙宇，因为巨石阵独特的设计可将回声室中的声音传至各个角落，就像宣读神谕一般。置身于不见天日的巨石室中，突然传来隐隐话语，任谁也会心生畏惧，决心做一个虔诚的人。然而不久人们发现这里更像一处古墓，一处宽度不足12米的小石室竟然埋藏近7000具骸骨，零落的骸骨显然移自他处。这是原始民族的一种丧葬方式。令人生疑的是，马耳他岛先民耗尽心力只为建造一座坟墓吗？

当人们还在为地下石室称奇时，马耳他岛不止一处的地上石制建筑腾空出世，哈加琴姆、穆纳德里亚、哈尔萨夫里尼……它们远早于地下石室。宏伟的主门，错综复杂的房间，巨大的祭坛，精雕细琢的石像……很难想象这些都出自手无寸铁的原始部落。更出人意料的是蒙娜亚德拉遗迹完全是一个精准的太阳钟，这座12000年前的建筑周密地计算出了太阳光线的位置。而有些庙宇能准确地预测日食和月食。现代计算机也不过如此吧。

马耳他巨石遗迹究竟何时建立？由谁而建？因何而建？是庙宇、坟墓，还是所谓的古代"计算机"？上帝都未必知道。

INFORMATION

地理位置

马耳他

神秘指数

★★★

穆纳德里亚的庙宇，俯瞰着地中海，半椭圆形的底层设计是马耳他岛上巨石建筑的特征。

圣迹解码——最神秘的15处文明遗存

卡尔纳克石柱群
Megalith Menhi Alignment in Carnac

仰／天／而／啸

　　穿行于庄稼之中，散落在树林之间，竖立在农舍之旁，著名的卡尔纳克石柱群井然有序地遍布在乡间小镇。曾经近10000根的石柱而今仅存2471根，但这2471根石柱已足以令人目眩神迷。

勒芒奈克石阵位于卡尔纳克石柱群北部，1099根石柱排列成长千米，宽百米的矩阵，自东向西，从7米高渐次降到4米，石柱行列虽然有些弯曲，但弯曲之间更现原始之情。一处古老的石磨坊将勒芒奈克石阵与克马里欧石阵隔开。克勒斯坎石阵540块巨石排成正方形，末端39块巨石构成漂亮的圆形石阵。令人不解的是，石块越高排列就越为精密，难道喻示着什么奥秘？

公元前4300～前1500年，卡尔纳克石柱分批竖立于此，光滑的石壁证明完全是人为而成，当众多地质学家苦寻自然原因无果时，无奈地承认了这个事实，问题是重达350吨的石块是怎么被竖立在指定位置的？推拉滚踏地把几千米之外的几十吨石料搬运到这里都非易事。茹毛饮血的原始部族为何有如此神力？他们为什么会将石块高高竖起排列成阵呢？石壁上简朴的花纹会不会是某个原始部落的文字？

委蛇的阵行状似巨蛇飞舞，有人推测它们是蛇崇拜的图腾；高耸的巨石也似林林墓碑，难道是古人的墓群？更有人认为，这是妇女的吉祥石，蹲于其上就能怀上孩子；也有学者认为，这是外星人访问地球的飞船基地……不论何种猜测都没有证据支持，这些石柱就像凭空出现一般给我们留下了太多谜团。可当试图接近它时，却无任何可进入的途径。公元前56年，卡尔纳克守护神为了逃脱罗马人的追杀，用魔法将罗马士兵变成了一列列石阵，当找不到解释时，欧洲人退而求其次流传着这个故事。

俯瞰石柱群，错落有致的石柱间炊烟袅袅，青山绿水。当地居民已经将石柱作为生活中不可分割的一部分。这片"地面柱林"确如考古学家欧文·霍丁霍姆所说，"它比金字塔还要神秘"。

委蛇的阵行状似巨蛇飞舞，有人推测它们是蛇崇拜的图腾；高耸的巨石也似林林墓碑，难道是古人的墓群？

＊圣迹解码——最神秘的15处文明遗存＊

INFORMATION

🏛 地理位置
法国

🔮 神秘指数
★★★

考古疑云

——最传奇的10座谜样古墓

Mystic Zone

图坦卡蒙陵墓

法/老/的/诅/咒

> 提起墓穴，总是会与阴暗、神秘、恐怖等字眼联系在一起。图坦卡蒙陵墓更是如此，因为不了解，人才会恐惧。那些一直未解开的谜团，那令人闻之窒息的'诅咒'，或许会伴随着图坦卡蒙永远地长埋地下。

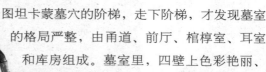
心跳瞬间

INFORMATION

🏛 地理位置
　埃及

📊 神秘指数
　★★★

尼罗河西岸一个荒凉的小山谷，景色并不怡人，却隐藏着许多惊天大发现。因为这里是古埃及62位法老长眠的场所，座座陵墓借助山势隐蔽地建造，异常偏僻，非专业人员很难发现他们的所在。谷借人势，这里也因此被称为最尊贵、最有气势的"帝王谷"。

帝王谷里的法老墓室虽然在修建时极尽巧妙隐藏之能事，还是被闻讯而来的盗墓贼们挖掘、洗劫一空。这样的现状往往令随后的考古学家们痛心不已。在考古学家的孜孜以求中，1922年的一桩重大考古发现令人备感鼓舞和欣慰，未被盗墓贼洗劫完毕的埃及第十八王朝法老图坦卡蒙的墓室重见天日。

揭开这一重大考古发现的领航人是英国考古学家霍华德·卡特。在一些破败的石棚下方，卡特的考古队发现了通向图坦卡蒙墓穴的阶梯，走下阶梯，才发现墓室的格局严整，由甬道、前厅、棺椁室、耳室和库房组成。墓室里，四壁上色彩艳丽、图案清晰的壁画栩栩如生；各种豪华精致、美不胜收的随葬品遍布各室，熠熠生辉，令人目不暇接。而考古者们最急于寻找和查看的却是墓穴的主体——法老的棺椁室。棺椁室的发现也经历了一个小小的波折。就在考古队员们遍寻棺椁室不成时，

🔹 图坦卡蒙的王座

一面颜色暗淡的墙体引起了卡特的注意，在他的示意下，将墙体推翻，法老的棺椁果然在那里停放着。开启了4层木制棺椁、3层贴金人形木棺，打破了7层重重阻隔后，考古人员才得以见到法老木乃伊的真容。他的脸部披着一张纯金面罩，神态安详，浑身被黄金和珠宝覆盖着，显示出死者生前无比的尊荣。

而在距离这位19岁法老木乃伊不远的地方，赫然陈列着两个胚胎木乃伊。经过DNA检测，她们竟是法老在孕育中夭折的双胞胎女儿。这一有力证据解除了多年来人们对图坦卡蒙法老是否有过后代的困惑。至于这对胚胎为何要被放进棺椁，历来说法不一。有人认为是法老对儿女的眷恋，希望能有亲人陪伴左右；还有人推测这对胚胎是因为某种目的而被放入墓中，象征法老死后在另一个世界能获得新生。话虽如此，可针对这对双胞胎的身份象征问题的争辩从来都没有停止过。个中缘由也只有当事人才有发言权了，所有的结论只是揣测而已。

✤ 墓中出土的莲花座头像，色彩鲜艳，人物造型生动传神。

图坦卡蒙的全金棺椁

装有图坦卡蒙内脏的
金棺

由于史料所载信息有限，后人对于这位英年早逝的法老去世的原因所知寥寥。考古人员对他的木乃伊进行检测时，在他的头部发现了两处伤痕。一处在他死前已经痊愈，另外一处说不定就是置其于死地的关键因素——被重击后的慢性创伤；之后，埃及科学家经过研究，认为法老死亡是因左腿骨折后伤口腐烂所致；还有的人根据各种迹象推测，图坦卡蒙是被谋杀而亡。以上说法都有一定的道理，由于年代久远，史料记载和佐证有限，后人的研究总会有疏漏之处，若想取得突破性进展和证实，还有待于更多证物的被发现。

双胞胚胎木乃伊陪葬的目的、图坦卡蒙法老离奇死亡的原因，都令人困惑不解。虽然这两大谜团至今没有解开，但是此后还有更大的阴云密布在人们心头。

自1922年考古队员进入墓穴考察后到1929年，八年间先后有22位与图坦卡蒙陵墓直接或间接存在联系的人均非正常死亡。据考古队员回忆，他们在进入墓穴前，就看到了刻在墙壁上诅咒性的话语，诸如"谁扰乱了这位法老的安宁，展翅的死神将降临他头上"，"我是图坦卡蒙的保卫者，是我用沙漠之火驱赶那些盗墓贼"等，而经历这重大发现的队员们被兴奋驱使着忽略了周围的一切，没有人费心去斟酌其中的含义，他们全身心投入考古探险中，胜利的曙光驱散了墓地的阴霾。

此后几年间，悲剧接二连三地发生，才引起了考古界和公众传媒的注意。媒体的大肆渲染和炒作，令"法老的诅咒"之事被传得沸沸扬扬，举世皆知。人们对此充满了好奇和迷惑，迫切地想知道其中的原委。莫非三千年前的诅咒发挥效力，冥冥中一股神秘的力量控制了事情的走向？很多人都对此深信不疑。但许多科学家却不以为然，并做出了相应的科学解释。

有的科学家曾在一些法老的墓中发现了一种能生存上千年的致命细菌，人一旦沾染，必死无疑，一些进入墓穴考古队员的死亡或许与此有莫大的关系；有的学者认为，还可能与墓室内潜藏的毒气有关，封闭了上千年的坟墓，各种生物腐烂变质而挥发出的气味以及尸毒等有毒气体混杂交错，产生不易察觉的化学反应，令没有进行严密的防护措施就进入墓穴的考古队员们深受其害，病毒潜伏在人体内，很难发现和预防；还有的科学家研究到，古埃及人善于调制各种毒药，为了保证法老木乃伊的安全，会在墓室内秘密放置毒药，借助毒药的效用震慑外界进入者；还有一种可能不是有意为之的——即墓室的建造材料具有放射性，巨大的辐射量令一些出入古墓的健康人发病乃至死亡。凡此种种，都可以作为诅咒发挥作用的解释。更令人不解的是，法老的诅咒虽然预言成真，但是有一个人——英国考古学家霍华德·卡特却一直安然无恙，直到60多岁时因病去世。他正常的生死轨迹似乎打破了"诅咒"的噩梦。对此，科学家们也感到无法解释。

　　提起墓穴，总是会与阴暗、神秘、恐怖等字眼联系在一起。图坦卡蒙陵墓更是如此，因为不了解，人才会恐惧。那些一直未解开的谜团，那令人闻之窒息的"诅咒"，或许会伴随着图坦卡蒙永远地长埋地下。

◆ 陪伴图坦卡蒙3000多年的墓壁彩绘依然光鲜照人。

＊考古疑云——最传奇的10座谜样古墓＊

秦始皇陵

了/却/君/王/身/后/事

INFORMATION

🏯 地理位置

中国西安

🗺 神秘指数

★★★★★

千古第一帝——秦始皇首开先河的事例很多。他的生平、领导才能、性格喜好等不绝于耳的传闻，无不为他蒙上了一层传奇的色彩。就连他死后千年，人们还为他积毕生之力自建的陵墓争论纷纷，可算是创古今帝王之最了。

秦始皇陵坐落在骊山之北，渭水之南。距离古都西安大约37千米的路程。秦始皇从13岁即位就开始为自己修建陵墓，直到寿终正寝为止，前后大约修了37年。

秦始皇陵的整体构造严整，建筑层次分明。主体建筑是地宫，在它周围，分布着其他城垣、建筑物、陪葬墓群等，均模仿始皇生前居住的宫廷格局建造。而地宫在人们所见的秦始皇陵墓封土堆的下面，已深埋千年，由于未曾挖掘出来重见天日，便留给后人诸多的谜团无法破解。

疑问之一：秦始皇陵地宫的确切位置

关于秦始皇地下宫殿的确切地点，世人被史书上众多的记载和民间传说弄得晕头转向，摸不到头绪。相传秦始皇是一个猜忌心很重的人，总担心自己百年之后坟墓被人偷盗、破坏，除了真正的墓葬，还修建了很多墓以假乱真，以分散盗墓贼的注意力，以至于在很长一段时间内，考古学家们都弄不清楚始皇陵的确切位置。一直到2002年，科学家们运用多种科技手法对秦始皇陵区进行勘测，终于确定皇陵地宫就在现有的封土堆下。

疑问之二：秦始皇陵的深度

秦始皇陵的规模宏大，没有相应的深度，难以容纳如此众多的建筑群体。史书记载秦始皇陵"穿三泉"，即到达泉水下方的深度。一些考古学家和地质学家研

*战袍俑

究后提出，实际深度估计大概26～37米之间，具体有无大的出入还有待深入的考古勘探证实。

疑问之三：秦始皇陵的布局

秦始皇陵的布局精巧，机关重重，外人很难入内。但是和后代帝王坐北朝南格局不同的是，他的墓室坐西向东，对于这个方向的解释，科学家们有很多不同的意见：有的人认为始皇曾东临碣石，派徐福东渡出海寻仙，以求得长生不老之术。直至去世这个愿望都没有实现，因此它的墓穴朝向东面，以示至死不忘此志；有的人认为秦国居于西部一隅，统一东方六国后，对他们的戒心犹存，为求心安，死后也要注视着东方。此外还有很多种解释，难以一一列举，最终仍是难以定论。

疑问之四：兵马俑陪葬的意义

这些与真人大小相仿、规模雄浑的兵马俑阵群其意义何在？比较让人信服的解释是：秦始皇以武力统一六国，军队对他来说是荣耀的象征。用兵马俑陪葬，一方面彰显自己生前的功绩，另一方面则是维持生前的状态，意味着到了地下世界也要有相当规模的军队护佑自己。

疑问之五：陵墓里究竟有没有水银

在《史记》和《汉书》中的记载，说秦始皇陵墓以水银灌

1号铜车马通长2.25米，通高1.52米，重1061千克，制作工艺精湛，由3000多个零部件组成，通体彩绘，豪华富丽。

177

注，象征湖海的运行，可是水银是否存在一直未能确定。随着科学技术的发展，科学家们多次采取皇陵上的土壤反复测试，发现其中汞的含量超标，与别处不同，由此，始皇陵中存在水银说终于得到证实，揭开了千古谜团。

疑问之六：地宫中的珍宝有多少

陵墓中究竟藏有什么稀世珍宝呢？考古工作者也曾在地宫外围挖掘出彩绘的铜马车和木车马，马车的装饰品均由金、银、铜等贵重金属铸造而成。这些发现只存在于主体建筑之外，尚且美轮美奂，价值连城，地宫中会埋藏怎样的珍宝，也就可想而知了。

疑问之七：秦始皇使用什么材质的棺椁

对于秦始皇使用的棺椁材质，史书中没有明确记载，只有司马迁一句"下铜而致椁"引人猜想。因此有的学者认为秦始皇使用铜棺，但是从当时的丧葬风俗来看，天子有使用大型木椁的特权，因此，他使用的很有可能是木棺。

疑问之八：秦始皇的遗体是否完好无损

一心向往长生不老的秦始皇，对于自己的遗体，必定要想尽各种办法保存。但是他在酷暑时节出巡途中骤然而逝，尸体腐烂的速度奇快，随从不得不买来咸鱼以掩其臭，运回咸阳时必定已面目全非，再高明的防腐技术已难以挽回。因此，人们推断，秦始皇的遗体保存完好的可能性极小。

一系列的疑问令人头晕眼花，思维难以接续。不要以为这些已经足够，这只是秦始皇陵的疑云帷幕被撕开的一个小角，稍微满足下人类的好奇心。倘若有一天地宫被完全打开，不知道还有多少惊天大发现在等待着人们。秦始皇陵能带给人类的震惊与喜悦，远远不止这些……

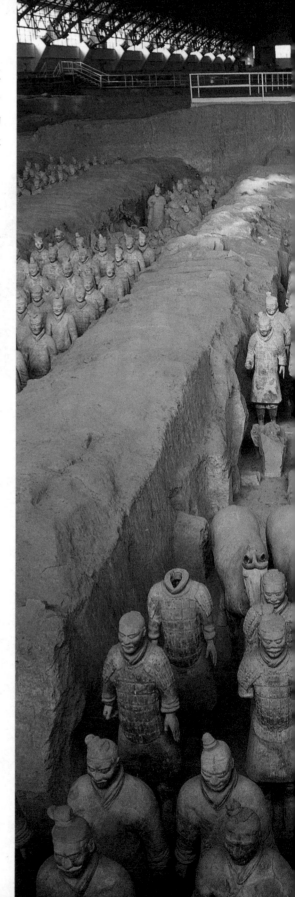

古罗马地下墓穴

基/督/徒/的/最/后/归/宿

> 神秘的古罗马地下墓穴，壮观的墓群表达着同一个思想，那就是信仰与忠诚。

心跳瞬间

INFORMATION

🏛 地理位置
意大利

📷 神秘指数
★★★

美丽古典的意大利古罗马城墙外，隐藏着一个可怕的秘密。城外的地下，一条条通道和洞穴纵横相连，连绵不断，竟然是一个巨大的基督教徒群葬墓。这就是神秘的古罗马地下墓穴。

古罗马时期，基督徒是流行土葬的，来表达对基督教的无限忠诚与支持；地下庞大的墓群，则用来纪念基督教忠实的信徒。奇怪的是，为什么墓穴会建于罗马城外的地下？如此叹为观止的墓穴，又是如何建成的呢？

更神秘的是，据说死者的尸体都放在宽大的壁灶里，且都穿着完整的衣服，并被撒上了特殊的膏药以防止腐烂。

神秘的古罗马地下墓穴，壮观的墓群表达着同一个思想，那就是信仰与忠诚。

马其顿腓力二世墓
20/世/纪/的/惊/喜

> 如果没有腓力二世，不敢想象是否还有亚历山大的伟岸帝国，如果腓力二世多活几十年，也很难料定之后那个庞大帝国的主宰是否还是亚历山大。腓力二世的传奇故事如同他死后被埋葬的陵墓……

心跳瞬间

马其顿腓力二世的陵墓在20世纪70年代被考古学家揭开了神秘的面纱，一时轰动考古界，成为20世纪考古中最伟大的发现。然而千般繁华终归寂寞，金碧辉煌的陵墓大殿和宝石棺椁也只能无声地述说主人生前的荣耀。

腓力早年曾在底比斯城邦为人质。回国后，他夺取王位，励精图治；建立常备军，创建了一种战斗力很强的"马其顿方阵"；并利用希腊城邦之间的矛盾，打败希腊联军，确立了对希腊城邦的控制。他在位的20多年间，马其顿由一个内乱不止的小国崛起为希腊城邦的首领，为其子亚历山大的征服做好了充分的准备。

腓力二世的陵墓里，王权标志和战盔闪着熠熠光芒，而其中让考古专家最为感叹的是5个象牙雕刻的雕像：腓力二世本人、他的妻子、儿子亚历山大和腓力二世的父母。

如果没有腓力二世，不敢想象是否还有亚历山大的伟岸帝国，如果腓力二世多活几十年，也很难料定之后那个庞大帝国的主宰是否还是亚历山大。腓力二世的传奇故事如同他死后被埋葬的陵墓，带给人们莫大的期盼与惊喜。

INFORMATION

📍 **地理位置**
希腊

🔮 **神秘指数**
★★★

🌸 腓力二世请来亚里士多德（左）给年轻的儿子亚历山大（右）做家庭教师。

帕伦克的帕卡尔王陵

> 一座与世隔绝的古城，一座精美绝伦的宫殿，一个神秘巨大的石棺，一块诡异莫测的浮雕，这就是帕伦克的帕卡尔王陵。

心跳瞬间

素 有"美洲的雅典"之称的帕伦克，一座与世隔绝的古城，以精美绝伦、高大宏伟的古老建筑著称。但是直到19世纪，这座沉睡已久的古城才开始慢慢醒来，一点一滴地呈现在人们的面前。而其中帕卡尔王陵的发现，则是最不可思议、最神秘的了。

"太阳陛下"帕卡尔，拯救帕伦克这个城市的大帝王，他最后的安息之处就隐藏在壮观的碑铭神庙下。巨石碑上镌刻着奇怪的图形或者文字，排列有序，如同棋盘上的一粒粒棋子，猛然感觉像人的脸庞，又像怪物的面孔，或者像蠢蠢欲动的神话怪兽，神秘诡异。

碑铭神庙深处数以吨计的泥沙堆积填塞，前方布满了重重

✿帕卡尔王陵的入口就在碑铭神庙之下，为其增添了更多的神秘色彩。

障碍，似乎在掩盖着什么。那么这里到底隐藏着什么秘密呢？

　　莫非地板暗藏天机？一个带有神秘装饰图案的石板吸引了人们的注意力。电光闪石间，人们开始了种种猜测和摸索，细细拨开重重障碍，小心穿过层层迷雾般的廊道，终于发现了一个千年来世人不曾涉足的房间。这里，就是帕伦克的帕卡尔王陵密室官殿。

　　在风格华丽、精美绝伦的壁画和浮雕的环绕下，一个巨大的石棺呈现在眼前。当人们审视石棺上那精美的浮雕图案时，不由如坠迷雾之中。

　　图案上这个半躺着、上身向前倾斜、眼睛凝视着前方、伸出两手的男子，表现了什么呢？这是描绘帕卡尔以一种胎儿的姿势降入人间的情景吗？还是表现帕卡尔在弥留之际掉进一个阴间怪物嘴里的惨状？传说，他死时"呼出了一口热气"。雕塑把人物内心深处的恐

✦帕卡尔石棺顶盖

惧、内在力量的凝聚表现得淋漓尽致、栩栩如生。

　　更神奇的是，细细审视图像，还有更诡异的秘密。一个人似乎正在操纵某种精密的类似仪表的机器例如车或飞机，机器呈流线型的尖状，类似太空舱，尾端还有火舌喷出。远古时代的帕伦克人，难道已经掌握了探索太空飞行的科技了？如果不是他们，那么这个操纵着至今人类无法知晓的飞行器的人，到底又是谁呢？

　　一座与世隔绝的古城，一座精美绝伦的宫殿，一个神秘巨大的石棺，一块诡异莫测的浮雕，这就是帕伦克的帕卡尔王陵。探索、猜测、疑惑、迷茫，种种心绪涌上心头。帕卡尔王陵，将逐渐苏醒在人们的视野下。

INFORMATION

🏛 地理位置
墨西哥

🗺 神秘指数
★★★★★

183

 西潘王陵

莫/切/文/明/的/辉/煌

" 秘鲁的印加文明、墨西哥的阿兹特克文明和中美洲的玛雅文明被公认为是美洲最早的三大古印第安文明。而西潘王陵的发现却证明，莫切人创建的文明比印加帝国早1000多年…… "

心跳瞬间

如果你喜欢古文明，当你踏上秘鲁这片神秘的热土时，你将会遭遇所有旅行中最精彩的部分。秘鲁曾有南美大陆最辉煌的文明，因此秘鲁也是世界上古文明遗址最多的国家之一，由此也产生了极为疯狂的文物被盗现象，而最初西潘王陵的发现就和盗墓者有关。

1987年前后，秘鲁考古学家沃尔特·阿尔瓦在国际文物黑

市上发现了一些明显来自秘鲁的文物，但这些文物又不属于印加文明，这引起了他的注意，他猜测很可能又一个重要的遗迹被盗。就这样，西潘，秘鲁北部一个无人知晓的沿海小村庄，立刻让众人瞩目。

西潘王陵就这样出现在人们的视野中。

沃尔特·阿尔瓦对西潘王陵的这一次挖掘震惊了整个考古界。从头到脚被金银包裹着的西潘王，0.5千克重的纯金小铲子，模样怪异的金面具，以及其他数不清的金银饰物和工艺品，个个造型奇特，工艺让人惊叹。

但西潘王陵对于考古的意义并不仅仅是这些金银财宝，而是一尊人物陶俑。这尊陶俑的穿着佩戴几乎和西潘王一样，金头饰，金珠子串成的项链等等。所不同的是，陶俑的右手握着一柄黄金权杖。而正是这点让来自美国的考古学家确定了西潘王的另一个身份——之前在许多陶罐上出现的"斩首之王"。

和西潘王密切相关的莫切文明就这样浮出水面。之前对于莫切文明，考古学家们争论不休，因为莫切人没有独立的文字体系，而绝大多数的宝藏又让殖民者西班牙掠夺走了，考古学家只能在那些残缺不全的废墟上和一些陶罐上进行研究。

秘鲁的印加文明、墨西哥的阿兹特克文明和中美洲的玛雅文明被公认为是美洲最早的三大古印第安文明。而西潘王陵的发现却证明，莫切人创建的文明比印加帝国早1000多年，其发达程度比后来的三大印第安文明毫不逊色。

西潘王陵的发现是一个了解莫切文明的分水岭，但我们对莫切人的认识却依然模糊。谁将最终解开莫切文化的起源、发展的谜团？但也许正如一位美国考古学家所言："总是有人希望，一旦发现一座墓穴，你就可能会找到在教科书或瓷器上所描绘的国王这样的人，但其实你永远也不会找到他们。"

INFORMATION

🏛 地理位置
秘鲁

🗺 神秘指数
★★★

❀ 莫切墓葬中的陶人

185

摩索拉斯陵墓

岁/月/不/留/痕

　　摩索拉斯，英语中"陵墓"一词（mausoleum）的来源。这座象征着他权力的陵墓直到他驾崩也没有完工，后来他的王后替他完成了这座浩大的工程。这座陵墓一建成就受到了世人的瞩目，被列为"世界七大奇观"之一，更有人将其与埃及的胡夫金字塔相提并论。这座长方形陵墓向空中延伸了大约50米，高度接近20层楼。除了恢宏的建筑，陵墓内的雕塑也同样让人叹为观止，尤以三处浮雕装饰最精彩：第一处刻画的是马车，第二处为亚马孙族女战士和希腊人作战的情景，第三处是拉皮提人在和半人半马的怪物争斗。难怪在其建成1500年之后，一位主教还写道："摩索拉斯国王的陵墓过去曾是，现在仍是一个真正的奇迹。"

可是人算不如天算，摩索拉斯的灵魂栖息之地在公元15世纪前的一场大地震中受损。1402年，陵墓所在地哈利卡纳苏斯被人征服。为了建造他们的城堡，统治者毫不犹豫地把陵墓当成了采石场，摩索拉斯的陵墓被彻底毁掉，少量幸免于难的浮雕及一些残存的碎片，被英国考古学家带到大英博物馆内存放起来。

哈利卡纳苏斯城曾经的繁荣已经不再，人们甚至已经找不到那座美丽王陵的所在地，虽然市内中央广场的遗迹依然存在，但最终人们会将这里遗忘，或许只有四处杂生的野草记得这位曾经显赫一时的国王吧！

纽格兰奇巨墓

无/法/揭/开/的/谜/底

> 这时，脑中两个疑问油然而生。石头上所刻的图案到底具有怎样的象征意义？在史前生产力水平极其低下的情况下，没有机械的外力，建造巨墓整块的大石头从何处运来，又是怎么运来并堆砌起来的？

心跳瞬间

对于很多国家来说，史前时期的历史往往一片空白，人们只能借助神话传说臆测那段不为人知的历史。但是事情往往有例外，史前的遗物、遗址说不定会在某刻被发现，爱尔兰就是这样一个幸运的国家。建于公元前3100年左右的纽格兰奇巨墓被发现和挖掘，给人们带来了无穷的想象空间。

作为爱尔兰最著名的史前遗址，纽格兰奇巨墓的外貌并不引人瞩目，似乎只是一个建在高大的坡地上向上隆起、绿草茵茵、呈滚圆形状的大土堆。以上的描述只是它古朴的外观，其实它构造奇特，巧夺天工。巨墓的地基是由97块数吨重的整块大石头平铺而成，有些石头上还刻有一些不知是何意义的图案。在此基础上，整座墓由整块的石头和土块垒成。

这时，脑中两个疑问油然而生。石头上所刻的图案到底具

INFORMATION

🏛 **地理位置**
爱尔兰

🗝 **神秘指数**
★★★

有怎样的象征意义？在史前生产力水平极其低下的情况下，没有机械的外力，建造巨墓整块的大石头从何处运来，又是怎么运来并堆砌起来的？

据考古学家研究，很多石头上都刻着漩涡状花纹的图案，可能是代表太阳等天体的意思，或者与生死轮回和返世再生的观念有关，意义不能确定。对于这样浩大的工程，应该是耗费了大量的人力，通过在巨石底部垫上圆木从远方滚至目的地的。再根据周围的环境推测，巨大石块的来源地应该是博因河附近。不知道这个巨墓的修建花费了他们多久的时间，也许是几代人努力的结果。

但是，古人建造这座巨墓的目的何在？至今仍旧是一团迷雾。即使进入墓室内部考察，也很难得出确切的结论。

墓穴内部首先是一条长长的石头甬道，甬道的尽头是一个圆形石屋，石室里有进行宗教仪式使用的壁凹和石盆，一些诸如垂饰、珠子、燧石、骨制凿子、骨制别针等简单的遗物，身份未明的两具死者遗骸，和至少三名死者的骨灰。他们在干什么？为什么均被埋葬于这个墓穴中？没有文字史料的记载和有力实物的佐证，这个谜底恐怕永远都不会被揭开。

✳ 走进爱尔兰，走近纽格兰奇巨墓，更能体会到：人类智慧的力量是无穷的，又是无力的。

✳ 面对格兰奇巨墓，顿时感到人类在无穷大和无力感之间矛盾着，行走着。

189

殷墟妇好墓

独/留/青/冢/向/黄/昏

> 若不是科学家们发掘了妇好墓，我们就不会领略到几千年前中国女子的坚韧不拔；若不是妇好墓内的随葬品种类丰富多样，我们不会知道她尊贵的身份、地位；若不是我们去妇好墓前瞻仰凭吊……

心跳瞬间

中国历史悠久绵长，各朝各代如流星般璀璨滑落。每个朝代的那些人、那些事也如过眼云烟，飘忽远去的不见痕迹。可是总有遗漏的人或事被埋藏在大地，尘封多年后那覆盖其上的面纱又会被再度掀起。

妇好墓中共出土随葬品千余件，材质运用广泛，造型精美，做工精致，反映了当时商朝较高的铸造水平。其中，尤以青铜器和玉器为主。让科学家们感到奇特的是随葬品中的玉器，呈现出深浅不一的绿色，因为这种青玉的来源地是新疆。在当时交通很不发达的条件下，新疆玉如何跋山涉水，穿越千山阻隔来到中原地带，成为王室贵胄的把玩收藏之物，是值得考证和推敲的。

对于这位四处征战、为商朝开疆辟地做出突出贡献的王后来说，她的事迹完全可以彪炳史册，奇怪的是鲜有文字材料记载其人其事，直至甲骨文被破译，妇好墓被挖掘，妇好的形象才逐渐清晰完整起来。

若不是科学家们发掘了妇好墓，我们就不会领略到几千年前中国女子的坚韧不拔；若不是妇好墓内的随葬品种类丰富多样，我们不会知道她尊贵的身份、地位；若不是我们去妇好墓前瞻仰凭吊，不会明白"古今多少事，都付笑谈中"的凄凉与落寞……

✤ 妇好墓出土的象牙标是殷代武丁时期牙雕工艺品。

印山越王陵

孤/山/迷/墓

> 一座小孤山，亦真亦幻的墓室主人，豪华墓葬零落成泥的现状，团团迷雾笼罩在印山越王陵的上空，令人百思不解。

心跳瞬间

印山越王陵位于浙江省绍兴市郊。它的挖掘开发还是迫不得已的举动。为遏制猖獗的盗墓之风，当地政府着手开始挖掘开采。这一挖不要紧，竟然挖出了一个举世罕见、绝无仅有的战国时期的墓葬。

这是一个四周环绕宽大长墓道的竖穴岩坑木椁（室）墓，墓坑总体呈"甲"字形，如同古代城市中的护城河，四条直角形的壕沟规则地分布于墓的外围，保护着墓室的主人。墓坑东西长度达100余米，南北宽20米，深20余米，石壁布满四周，墓室布局的精心、严密，表现出对死者极大的尊重。可惜的是，墓室的规模虽在，但各种随葬物品出土极少，棺内也尸骨无存，不能不说是一个莫大的遗憾。

印山越王陵的发掘，还给后人留下各种悬念。首先，墓的主人归属，有史学家认为是越王勾践的父亲允常。但是，由于发掘出的随葬物品不多，也无任何铭文考证，而文献的记载又莫衷一是，做出了推测却不能肯定；这座2500年前的古墓主人，是根本就没有埋葬在此，还是被盗墓贼拖出墓外？更是无人可知。此外，历经千年木棺却保存完好的高超防腐技术奥秘何在？

一座小孤山，亦真亦幻的墓室主人，豪华墓葬零落成泥的现状，团团迷雾笼罩在印山王陵的上空，令人百思不解。

✤部分木构件虽有损坏，但整体情况较好。有些木材上的髹漆仍是乌黑发亮。

INFORMATION

🏛 地理位置
中国浙江

🗺 神秘指数
★★★

冒险天堂

—— 最具挑战的 13 处蛮荒奇境

Mystic Zone

亚马孙河 Amazon River

魅/惑/妖/艳/的/女/妖

　　提起亚马孙河，脑际浮现出这样的风光：广阔平静的河面上孤帆远影；河水虽不太清澈，却也能看到里边顺势穿行的生物；两旁生长繁茂、郁郁葱葱的丛林比肩接踵，遥相呼应着屏蔽了上方的一片天空，树荫下幽暗阴凉，凉意袭人。

　　与世间的水一样，亚马孙河水也有温柔细腻的一面，涤荡尘埃，包容万物，汇成浩浩荡荡、千回百转的宏大水流，蜿蜒曲折地流经秘鲁、巴西、玻利维亚、厄瓜多尔、哥伦比亚和委内瑞拉等国，流程达6480千米，流域面积广阔，沿途滋润的土地风景秀丽，美不胜收，可说是孕育各种生命的"河流之王"。

湿润的土地带来了丰硕的成果，亚马孙河流域内大部分地区覆盖着稠密的热带雨林，植物种类繁多，矿产资源丰富。正是拜河流两边的原始丛林所赐，亚马孙河流域的生物种类之多令人瞠目。遮天蔽日的丛林中，一派生机勃勃的繁荣景象：葛藤、兰花、凤梨科植物争相攀附高枝生长，其间栖息着猴子、树懒、蜂鸟、金刚鹦鹉、巨大蝴蝶和无数蝙蝠；美洲虎、细腰猫、貘、水豚、犰狳等在丛林中的踪影虽难觅，却真切地留下了它们的足迹。

而最善于孕育生命的水中生物更是数不胜数。凯门鳄、淡水龟以及水栖哺乳类动物如海牛、淡水海豚等都依存着亚马孙河生活、繁衍着。在那些绮丽旖旎的风光和看似平静的背后，却隐藏着随时可见的危险和杀机。最惊心动魄的莫过于食人鱼的突袭和岸边丛林中吃人族的传说。

✤蜿蜒的亚马孙河带给我们无数未知的惊喜与心跳。

在亚马孙河中穿行，最忌讳的是受伤流血。因为一旦有人受了伤，在水里有了血腥味，长度不超10厘米的食人鱼马上就会成群结队地聚集过来，顷刻间将一个人啃成白骨。

对食人鱼的恐惧感犹在心头，吃人族的传说又令人心头一悸。

印第安人吃人的历史起因是粮食的匮乏。如果部落里粮食缺乏，又来了生人，很可能就会将其视为猎物烤着吃掉。30年前，有6个深入丛林进行探险、采访的白种人就曾惨遭毒手，一度引起人们对亚马孙丛林的恐慌心理。社会文明进化到现在，吃人族的历史也有所改变，只是一些老年人还有此陋习，年轻人几乎杜绝了。至于那些遗骸，有的被拿去烧掉，有的被扔进河里，他们的遭遇令人惋惜。文明与野蛮的较量，曾经一次次在这原始蛮荒之地上演着。

关于印第安食人族的由来，一些科学家有着不同的说法，但是，毕竟历经年代久远，考古科学家并没有据此草草地妄下结论，有待更多的比较研究揭开人们心头的疑云。

INFORMATION

🏠 地理位置
南美洲

🗝 神秘指数
★★

茂盛的热带雨林是亚马孙河滋润的结果，它孕育了丰富的氧气，有"地球之肺"的美称。

此外，层出不穷的毒蛇、毒虫及其他凶猛的鱼类，都令人防不胜防。看到长达10米、重达250千克以上，粗如成年男子躯干亚马孙森蚺在树干上或草丛中盘旋伸展，恐怕没有人会镇定自若，它们吞掉2.5米的凯门鳄都绰绰有余，对于人类的攻击，更是小菜一碟；潮湿环境中最常滋生的蚊虫总是会神不知鬼不觉地出没，等你发现的时候，身上已被叮了无数次，痛痒异常，却又唯恐抓破伤口被病毒感染。还要提防一种手掌般大小的毒蜘蛛所渗出的毒液，人的皮肤一旦碰到了就会溃烂；而身长几近2米的电鳗，可释放出高达500伏特的电压，使你的脚部麻木，难以行走。而身体粗胖，牙齿如剃刀般尖锐的水虎鱼更是危险异常。

糟糕的不是这些动物的凶猛，而是游人对它们知之甚少，因为不了解，才会感到愈加恐怖。

身处亚马孙河流域，战战兢兢开始一段未知的行程，时刻要倍加小心，因为你不知道什么时候危险会悄然迫近，一瞬间命运将发生大的逆转。

充满原始风情的热带丛林，若隐若现、潜伏背后的致命杀机，真假难辨的考古传奇，建构了亚马孙河魅惑、妖艳的绝代风貌，如风情万种的美丽女妖，使人畏惧不前又欲罢不能，直至深入其中。

非洲热带雨林

探/寻/绿/色/海/洋

66 步入非洲热带雨林，你将看到一个瑰丽、奇异的世外仙境。一步一踟酌，五里一徘徊，危险中的行进难免令人战战兢兢，却又被这未知的世界吸引着，行走着。99

心跳瞬间

说 起热带雨林，带给人的第一感觉便是高温、潮湿、闷热。人们很多时候会忽略"林"的魅力。这里的"林"非一般之林，是指结构层次不明显，植物种类丰富的乔木植物群落，构成了热带雨林独具特色的种群特点。

INFORMATION

🏔 **地理位置**
非洲

📊 **神秘指数**
★★

作为世界第二大热带雨林，非洲热带雨林的地域范围囊括了刚果盆地、几内亚湾沿岸和马达加斯加岛东部地区。处于赤道附近，终年高温湿润，适宜的温度和潮湿的环境促成了林中植被树木的生长。竞相生长的乔木高耸入云，冠盖相接，枝叶繁茂，不见蓝天；树下方的灌木分簇聚集，错综生长；最常见的藤本植物粗壮发达，长可达百米，沿着树干、枝丫攀爬，在树木间交叉缠绕，又不知从哪里倒垂下来，密密匝匝地出没在密林中，织成了一道天然的绿色丝网，挡住了人们前进的道路；而一些附生植物如藻类、苔藓、地衣、蕨类等，附着在乔木、灌木或藤本植物上，发出幽暗的绿光，迷蒙了人的眼睛。有的植物还开着色彩鲜艳的花朵，甚至附生在叶片上，形成"树上生树""叶上长草"的奇妙景色。

热带雨林终年绿树掩映，芳草连天，如一条绿色丝带环绕在赤道周围，是非洲地区的氧吧和肺叶。在森林中，水源到处可见，丛草、树木的倩影倒映在水中，绿影婆娑，惹人怜

愛神秘的热带雨林，造就了生活在雨林中的蓝色毒蛙。

正如芳香的玫瑰花妖艳却带刺，美丽的诱惑之后往往潜藏风险。

爱，不知是树木装点了水的妩媚，还是水滋润了树木，这里的植株永远都呈现出色彩饱满、青翠欲滴的景象。

这里的风景异常秀美，给人以美的感官享受，是放松心情的好去处，却也存在着弊端和不利因素。由于赤道附近全年高温，并无明显的季节更替现象，每年的平均气温为25～30℃，再加上降雨量充沛，空气湿度均保持在90%以上，为细菌和蚊虫的滋生提供了适宜的土壤。森林中密不透风，空气流通不顺畅。因此，来到这里游览，务必要倍加小心，随身携带消毒药品更成为必要的准备工作。

与外界树木大部分顶部开花结果的情况不同，这里一些树木底部的老茎上会再度逢春，开花结果；而有的树木从空中垂下丝丝缕缕的根茎，钻入泥土，生根发芽，直至长大连续成林；在高处树木遮盖下的植物，由于接受阳光照射的时间和密度有限，叶子一般长不大，而这里植物的叶子却长得十分巨大，仿佛穿透层层阻隔吸收了同样的阳光雨露；除此之外，林内的藤本植物连绵生长，有的甚至达到数百米长，穿梭悬挂于树木之间，令人寸步难行。有科学家在对热带雨林经过研究后发现，用在外界发现总结的自然生态规律很难解释一些雨林中所出现的匪夷所思的现象。曾经被世人奉为真理的达尔文的"优胜劣汰，适者生存"的自然法则在这里却不见得适用。有科学家预测：随着人类对热带雨林了解和研究的深入，很多新的生物学和自然规律将被重新发现并解释，一场对传统和经典的颠覆风暴也将来临。

在这里抬头看不到蓝莹莹的天，脚底接触不到干燥、硬质的地面。只有苔藓丛生，一脚踩下去，软绵绵地似乎不履平地，稍不留神就有可能滑倒。而在昏暗光线的照射下，给不时出没的蛇虫蒙上了一层昏黄的色彩，不由得令人胆战心惊，避之唯恐不及。一步一斟酌，五里一徘徊，危险中的行进难免令人战战兢兢，却又被这未知的世界吸引着，行走着。

马里亚纳海沟

海/底/迷/踪

> 66 马里亚纳海沟并不如表面那般一潭静水。99

INFORMATION

🏔 地理位置
太平洋

🗺 神秘指数
★★★★

人类所探知的地球最深处在哪，深度几何？想知道答案吗？那就去马里亚纳海沟吧！据探测，全世界海洋中深度超过6000米的只占总面积的1.2%，而马里亚纳海沟绝大部分水深都超过了8000米。1957年苏联科学院考察船与马里亚纳海沟进行了第一次亲密接触。2850千米的延伸、仅70千米的宽度仿若一条巨大的疮疤横亘于洋底。近乎直立的陡壁直插大洋底部，令人瞠目结舌。马里亚纳海沟最大水深在斐查兹海渊，为11034米，这是人类已知的全球海洋最深点。如果把世界最高峰珠穆朗玛峰放入沟底，其峰顶只能没入水中。可怜的人类只有借助工具才能靠近马里亚纳海沟，海军潜艇、水下机器人，越深入海沟深处，越加体现人类的无知。

6000万年前，强烈的地壳运动造就了马里亚纳海沟的神秘。强大的水压、巨大的黑暗，未知的危险、无声的海浪，冰冷的海水，令人想要逃离。人类曾经简单地认为8000米以下水层生命的存在等于天方夜谭。但是在马里亚纳茶色的海底泥土上，一种白色的海洋生物在不停蠕动。千万年的进化历程，深海鱼群为了生存已经面目全非，漂亮的眼睛长在了头部的背面；坚硬的骨骼极端柔韧；身体内充盈着水分……小鱼小虾不过几厘米长，所承受的压力却接近一吨重。高压、漆黑、冰冷的深海彰显了生命的力量。

平静的海面下隐藏着无数的秘密。

马里亚纳海沟并不如表面那般一潭静水。霸王章鱼，灾难电影中的主角就生活在马里亚纳这片不见天日的海域，我们可以肯定它的存在，却无处找寻它的踪影，尤其那瞬间可掀翻船只的巨型章鱼。它们一直挑战着鲸鱼海洋霸主之位。细细推敲，也只有马里亚纳海沟能容下霸王章鱼几十米长的身体和蔓延数百米的触角。霸王章鱼、抹香鲸这对宿敌演绎着深海杀戮，马里亚纳海沟是它们最佳战场。

简单数语实在说不尽马里亚纳海沟，可我们所知也只够寥寥数语。

雅鲁藏布大峡谷

> 穿行在雅鲁藏布大峡谷，最常用的一句话是绝处逢生，因为你永远不知道前方有什么样的危险在等待着你，也许是瞬间便将人吞噬的雪崩、泥石流；也许是进退维谷、恐惧绝望的死亡之路……

心跳瞬间

INFORMATION

🏛 **地理位置**
中国西藏

📅 **神秘指数**
★★★

江山代有才人出，各领风骚数百年。不光是人才后浪推前浪，湖海名川也是这样，人类总能发现更加奇峻、绝美的风光。雅鲁藏布大峡谷就夺走了美国科罗拉多大峡谷和秘鲁科尔卡大峡谷被列为世界之最的美誉。它凭借无以辩驳的实力荣登这一宝座，迄今没有被取代。

雅鲁藏布大峡谷地处西藏雅鲁藏布江下游，处处有风景，风景各不同。如果要给大峡谷的景色做个概括的话，那就是"雅鲁藏布大峡谷秀甲天下"：山秀、水秀、树秀、草秀、云秀、雾秀、兽秀、鸟秀、蝶秀、鱼秀、人秀、村秀……大峡谷的水秀，从万年冰雪到沸腾的温泉，从涓涓溪流、帘帘飞瀑直至滔滔江水、数百米的飞瀑……大峡谷的山秀，从遍布热带季风雨的低山一直到高入云天的皑皑雪山，茫茫的林海及耸人云端的雪峰犹如神来之笔，风格各异的自然景观为它的绝地风采增添了砝码。最值得炫耀的是它竟以5000米作为最基本的衡量尺度，最深处达6009米。这样的高度令人咂舌，那

✤雅鲁藏布大峡谷有着令人窒息的美艳与风韵。

是人类难以企及的深度。因此，雅鲁藏布大峡谷是中国地质考察工作少有的空白区域之一。

雅鲁藏布大峡谷最奇特的地方在于它在东喜马拉雅山脉尾由东西走向突然南折，形成了马蹄形的大拐弯，为世界河流峡谷史上所罕见。关于这个独特的拐弯，当地还流传着一个动人的传说：冈仁波齐雪山孕育有四个子女——雅鲁藏布江、狮泉河、象泉河和孔雀河。一天他们兄妹四个突发奇想，要到外面的世界去看看，约定在印度洋相会。雅鲁藏布江第一次远离家门，对身边的一切充满了好奇，被一只小鹬子欺骗走偏了路，而他其余三个兄妹此时已经到达目的地。在匆忙中，他慌不择路，一心抄近路走，利用跳跃的速度缩短时间，遇到地势险要的高山、悬崖峭壁也不再绕行，直接跳下。最终，他伤痕累累地和兄妹们团聚。由于用力过猛，他一路狂奔的地方留下了深深的、难以修复的足迹，就是后来的雅鲁藏布大峡谷。

历史传说虽然荒诞离奇，却说明了一个问题，那就是大峡谷的凶险异常。雅鲁藏布大峡谷自然环境恶劣，无人区遍布，保留了最为原始的自然风光和地形地貌。它的形成是地壳300万年来的抬升运动和地质作用的结果。得出这个结论，源于科学工作者们几十年来不畏艰险、深入峡谷的不懈探索。在深山密林、崇山峻岭和绝壁悬崖中穿行，稍不留神，便有可能跌入深谷，施与援救都困难重重。终于，皇天不负

在这个被科学家看作"打开地球历史之门的锁孔"的神秘地区，有着无数待解的秘密和传奇的故事。

因为险要的地形，这里罕有人烟，只是在密林深处生活着一些生产力水平低下、生活方式原始的门巴族和珞巴族人。

🌸大峡谷对世人有着神奇的魅力，吸引着无数好奇的眼睛和渴求的心。

苦心人。在1998年10月下旬至12月初，一支科考队历时40多天，以无所畏惧的勇气穿行近600千米勘察雅鲁藏布大峡谷地区，并取得了丰硕的成果，实现了人类首次徒步穿越雅鲁藏布大峡谷的历史壮举。

因为险要的地形，这里罕有人烟，只是在密林深处生活着一些生产力水平低下、生活方式原始的门巴族和珞巴族人。他们是行走在"刀刃"上的人，翻山越岭，开辟道路，对于攀爬险路驾轻就熟，他们是科学工作者们最好的向导。据探险队回忆，一次他们行进在狭窄陡峭的山路上，两边山崖挺立，高耸入云，每个人都是紧贴石壁，缓缓而行。突然，队伍停了下来，前方已没有路！回头看看，刚才攀爬的是直上直下的绝壁，若想返回难于登天，进退两难中深感绝望，向导也感到无能为力。仔细观察后，发现有人在前方的两棵树之间用树枝搭建了吊桥作为通道。看着那弱不禁风的树枝小桥，不禁想起了杂技表演中的"高空走钢丝"。闭着眼，试着忽略着脚下的万丈深渊，他们咬牙挺过来了。走过这条山路，才明白什么叫"置之死地而后生"。

穿行在雅鲁藏布大峡谷，最常用的一句话是绝处逢生，因为你永远不知道前方有什么样的危险在等待着你，也许是瞬间便将人吞噬的雪崩、泥石流；也许是进退两难、恐惧绝望的死亡之路；也许是猛兽出入、难以逃匿的动物天地。但是在这"炼狱"般的经历中，你可以尽情地领略大峡谷雄浑、瑰丽的美景，见识世界第一大峡谷的绝代风范，可谓是三生有幸，不虚此行。

罗布泊

生/命/禁/区

> 永久成谜的频发事故，难觅踪迹的失踪者，神秘重现的楼兰古城，芳华绝代
> 的楼兰美女……

心跳瞬间

罗布泊坐落在新疆维吾尔自治区东南，是一个干涸、没有生命的湖泊，与世界第二大滚动性沙漠塔克拉玛干沙漠接壤。举目望去，满眼不着边际的戈壁滩，萧索的风吹过，掀起漫天黄沙，戈壁滩上寸草不生，天空没有一只禽鸟飞过。

"生命的禁区"这个称呼源于几十年来发生在这一地区诡异而无法解释的事情，无数谜团荡漾在人们心头，无法排解。1949年，本来向西北方向飞行的一架飞机，在鄯善县上空失踪。后1958年却发现它飞向正南后，在罗布泊东部坠毁，机上人员全部死亡，航线的突然改变令人费解。1950年，剿匪部队一名警卫员离奇失踪，30多年后，他的遗体在远离出事地点

INFORMATION

🏔 **地理位置**
中国新疆

🗺 **神秘指数**
★★★★★

百余千米的罗布泊南岸红柳沟中被发现了。事隔多年，已无证可寻，真相难觅；1990年，7人乘坐一辆客货小汽车去罗布泊寻矿，踪影皆无。1992年，人们距离汽车30千米处发现了3具干尸，其他人下落不明，他们遭遇了什么？至今没有人知道。不可思议的事情接连发生，罗布泊逐渐成为人们心中的"生命禁区"。

更加令国人震动的是1980年6月17日，著名科学家彭加木在罗布泊考察时失踪，国家投入了大量人力、物力，运用各种技术形式、出动各种侦察力量进行地毯式搜索，结果仍无功而返。彭加木的遗体去向是否成为未解之谜？他永远地长眠在了这荒凉之地，他的灵魂不知是否有所归依？无独有偶，1996年6月，探险家余纯顺在罗布泊孤身探险时失踪，他的尸体被发现时，已死亡5天，是因为偏离原定路线15多千米，找不到水源，最终干渴而死。他的出事地点距离他埋藏水和食物之地仅2千米左右。作为一个探险家，虽然他在事前做好了充足的物质和心理准备，也还是没有越过横亘在罗布泊的死亡之线。

事故频发的历史事实，难以捉摸的背后缘故，更加激起探险者们探求的欲望。他们不惧生死，屡次深入罗布泊，寻找隐藏在那里的奥妙与真相。遗憾的是，和自然界的神秘力量比起来，人类的能力毕竟有限，笼罩在罗布泊上空的疑云并没有被驱散。

说起罗布泊，不得不提楼兰古城。曾经作为西域三十六国之一的楼兰在历史的长河中如流星般匆匆划过，只在罗布泊留下了些许的痕迹任后人猜想评说。古楼兰国遗址于1900

很多时候，充其量只是揭开了真相的冰山一角，还有更多的秘密空间等待着人类去发现、充实。

年3月28日被瑞典探险家斯文·赫定和罗布泊向导奥尔德克发现。它被湮没在沙丘下，占地10万多平方米，残留着高约4米，宽约8米，黄土夯筑的古城墙；居民院落的痕迹也清晰可见，院墙是将芦苇或柳条编织后抹上黏土垒成的，房屋的基本建筑材料是胡杨木，

神秘而又恐怖的罗布泊留给我们无数的秘密。

在千年沉没后，门窗的形状还可辨别。荒凉而没有生命色彩的废墟，不理会人们匆匆而过的脚步，依旧孤独地坚守在这里，静默无言。令人困惑不解的是，曾经作为古丝绸之路重镇的楼兰如何在短短的一个时期内销声匿迹？是外族入侵，突发的自然灾害还是其他原因？科学家们议论纷纷，莫衷一是。其中比较令人信服的是生态平衡被破坏导致自然灾害说。罗布泊的水源逐渐枯竭，树木枯死，农田荒芜，难以生存，城中居民纷纷弃家别移，最终导致楼兰成为一座空城，昔日的绿洲蜕变成荒无人烟的沙漠，被日益强烈的沙尘暴淹没在风沙中。

而楼兰美女的发现更是引起巨大的轰动。1980年，大规模的考古活动发现了早期楼兰人的墓葬和古尸。在没有采取任何防腐措施的情况下，历经3800多年，古尸外形仍保存完好。她脸部瘦削，鼻梁坚挺，眼窝深陷，深褐色的头发披散在肩上，皮肤、指甲等都还有存留。简易的安葬方式、一般而随意的随葬品似乎表明她只是曾经生活在古楼兰的普通居民之一。作为一介平民，"楼兰美女"在几千年后重见天日，以这样的方式名留史册，比起和她同时代的人们，似乎是一种幸运。

永久成谜的频发事故，难觅踪迹的失踪者，神秘重现的楼兰古城，芳华绝代的楼兰美女……所有的一切真相与讹误，都令罗布泊成为人们瞩目的焦点。挺进罗布泊，突破"生命的禁区"，揭开一切真相，无数人为之不懈努力。

刚果盆地

宝/石/处/女/地

❝如果你向往刚果盆地丰富的生物、矿产资源和美丽丰饶的热带雨林，除了必须掌握相关的医疗、生存知识外，还需要莫大的智慧、勇气和热情，这些会激发出你潜在的能量，令你的刚果盆地之行终生难忘。❞

心跳瞬间

INFORMATION

🏔 **地理位置**

非洲

🔮 **神秘指数**

★★★

非洲是一个物产富饶、原始风情浓郁的地方，那一片片未曾被开垦过的处女地，如宝石般点缀在美丽的土地上，引的无数"英雄"竞折腰，纷纷前去探险、开采矿藏以获取财富。被称作"中非宝石"的刚果盆地便是其中的佼佼者。

刚果盆地南、北两方被高原围绕，东部是举世闻名的东非大裂谷，唯有西部留有一个缺口，刚果河流经此地，滋润了大地。水的体贴、温柔化解了土地的刚硬，灵动的气息弥漫开来。而它对于刚果盆地最大的馈赠——孕育了郁郁葱葱的热带雨林地区。这里终年绿树成荫，黑檀木、红木、乌木等珍贵木材随处可见。由于热带雨林气候显著，终年高温，雨量充沛，空气中充满了水汽、树木、动植物腐烂等混杂的味道，每一个来过这里的人，都不会忘记热带雨林里独特的气味。而刚果盆地最引人瞩目的特点，是埋藏在盆地边缘丰富的矿产资源，金刚石、铜、锡等贵金属的储量令人艳羡不已，"中非宝石"的美誉绝对名不虚传。

刚果盆地大部分是渺无人烟的无人居住区，但是你不要以

❈温润的气候使这里的物种极其丰富，这里的森林被称为"地球最大的物种基因库之一"。

为刚果盆地的美景可以尽情欣赏，随意浏览，有时候为此需要付出一定的代价。

　　蝇、蜂、蚂蚁，这些在平原上最不起眼的昆虫，在这里都会变成凶猛的野兽，危及人的生命。听无数探险者惊心动魄的讲述，有的探险者曾经被食味蝇叮得浑身痛痒难耐，红肿挂彩；最令人恐怖的是杀人蜂，无数只蜜蜂闹闹哄哄地围着你，找准了没有被防护好的部位下手，令人难以招架，倘若是过敏体质，蜂毒很快会发挥功效，将你永远地留在这美丽的土地上；和中原蚂蚁温顺的性情截然不同，这里的蚂蚁瞬间便能将你噬咬得体无完肤，无处藏身。"微型动物"们尚且如此，那些大型动物的危险性可想而知了。鳄鱼、狮子与猎豹，想起来都让人噤若寒蝉。

　　如果你向往刚果盆地丰富的生物、矿产资源和美丽丰饶的热带雨林，除了必须掌握相关的医疗、生存知识外，还需要莫大的智慧、勇气和热情，这些会激发出你潜在的能量，令你的刚果盆地之行终生难忘。

美丽如绿宝石般的刚果盆地有美景，有奇珍，有异兽……有无数的秘密等你开启。

奥杜威峡谷

远/古/之/魅/惑

> 奥杜威峡谷是东非大裂谷的骄儿。东非大裂谷的一个分支原是一个浅浅的盐湖，在几百万年间蒸发消失、又再次出现，反复多次形成了由砂岩、黏土、凝灰岩和灰烬组成的地层。

心跳瞬间

※从空中俯瞰，奥杜威峡谷好似这历经岁月沧桑的地球的一道疤痕。

自古至今，人类对自身奥秘的追根溯源执着而坚定，像是被那从时空深邃处传来的魅惑之音所牢牢牵引，无法停息。奥杜威峡谷就是这魅惑之音借由从远古飘到我们耳朵里的一个神秘所在。

故事可以追溯到350万年之前的奥杜威峡谷，尚未进化成人的南方古猿一家，父母和孩子，正冒着大雨走在泥泞滂沱的火山灰中，留下了串串脚印。之后，他们的脚印随着火山灰岩的冷凝永远留在这里。350万年之后的1978年，随夫考察的玛丽·利基的脚印在同一个峡谷与之重合，若称之为"神迹的见证"绝不为过。

※奥杜威峡谷默默地让那些逝去的传奇故事沉淀在它的庇护之下。

奥杜威峡谷是东非大裂谷的骄儿。东非大裂谷的一个分支原是一个浅浅的盐湖，在几百万年间蒸发消失、又再次出现，反复多次形成了由砂岩、黏土、凝灰岩和灰烬组成的地层。一条向东的河流渐渐在这些地层上切出了一道100米深的峡谷，这就是奥杜威峡谷。

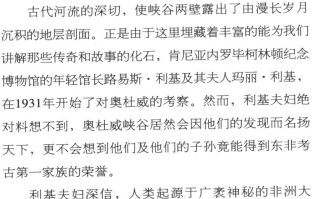

古代河流的深切，使峡谷两壁露出了由漫长岁月沉积的地层剖面。正是由于这里埋藏着丰富的能为我们讲解那些传奇和故事的化石，肯尼亚内罗毕柯林顿纪念博物馆的年轻馆长路易斯·利基及其夫人玛丽·利基，在1931年开始了对奥杜威的考察。然而，利基夫妇绝对料想不到，奥杜威峡谷居然会因他们的发现而名扬天下，更不会想到他们及他们的子孙竟能得到东非考古第一家族的荣誉。

利基夫妇深信，人类起源于广袤神秘的非洲大陆，为此他们执着探求。1959年的一天，他们在这里发掘了几百块人的头盖骨碎片，并将碎片复原成一个相当完整的头骨结构。经鉴定，该头骨的年代为175万年前，这为利基夫妇的人类非洲起源说提供了信心与有力证据。随后，1960年，利基夫妇的儿子乔纳森在发现东非人的地点，发现了第二具人科动物的牙齿和骨片。这具新的化石代表了一个独特的新种。路易斯·利基将这具化石定为人属，称其为能人。

利基一家的研究发现奠定了奥杜威峡谷在人类起源史上卓绝于世的地位，然而人类究竟从何而来？仍然困扰着从未放弃探寻的古人类学家们。

INFORMATION

▲地理位置
坦桑尼亚

神秘指数
★★★

喀喇昆仑山脉

丝/路/飘/香

> 笙歌弦乐,美酒飘香;驼铃悠扬,人迹罕至。作为'瑶池'的起源地和传统商道之一,喀喇昆仑山脉融超凡物外与世俗商战于一体,诉说着仙乐与黄金的传奇。

心跳瞬间

INFORMATION

🏔 地理位置

中亚细亚

📷 神秘指数

★★

色彩斑斓的山石给这里增添了一丝柔美的气息。

在神话中,每座山脉都有它美丽、动人的故事流传下来。相传昆仑山是西王母居住的地方,而王母娘娘经常设宴款待众多仙家的"瑶池",便是昆仑河源头的黑海,这里湖水清冽,珍稀鸟禽聚集,野生动物潜伏,好一派仙家胜境的气象。

喀喇昆仑山脉,高峰迭起,崎岖险峻,随处可见深不见底的悬崖和庞然大物般的岩屑堆。"喀喇昆仑"在土耳其语中意为"黑色碎石",是因为这里唯独不缺形貌各异的山石。它们聚集在山峰的外围,作为山脉的自然景观之一,点缀了这一脉罕有人至的高山峻岭。

狭窄、深幽、陡峭的山涧,看上去黑黝黝的深不可测,似一个磁场,散发出致命的吸引力,激起了人类一探究竟的欲望。翻越山脉的商人会不会有人丧生于此?那里会不会藏有宝藏?山中的动物是否凶猛无比?在山的那边有人居住吗?也许

是"无限风光在险峰"的激励，到1954年止，已有无数人丧生于喀喇昆仑山脉，"凶险的山"之名不胫而走。这里空气稀薄，走在崎岖不平的山路上，忍受着足以灼伤人的强辐射光线，迎着巨大的强风而上，重重阻力遏制着人们的脚步，可是探险者的步伐向来都是勇往直前的，由阿迪托·代西奥率领的意大利登山队首次登上了喀喇昆仑山后，人们才逐渐窥见其真面目。

　　它是世界第二高的山脉，平均海拔在6000米以上，这里还有世界上最发达的山岳冰川。冰川融水的去向泾渭分明，印度河、努布拉河、协约克河、希加尔河、洪扎河和吉尔吉特河、叶尔羌河等都有它充实滋润过的痕迹。而流入中国的那支水源，却消失在茫茫塔克拉玛干沙漠中，无迹可寻。

　　世界上任何一个地方，无论气候环境再怎么恶劣，也总有"适者生存"的动物出没其间。这里，雪豹、野生的牦牛、西藏羚羊、野驴、短耳兔和土拨鼠欢腾着雀跃在风中，砂松鸡、西藏雷鸟、鹧鸪、朱鹭、白鸽等鸟禽翱翔在盘旋的气流中，给这荒无人烟的山岭平添了几丝灵动的色彩。

　　笙歌弦乐，美酒飘香；驼铃悠扬，人迹罕至。作为"瑶池"的起源地和传统商道之一，喀喇昆仑山脉融超凡物外与世俗于一体，诉说着仙乐与黄金的传奇。

❋谷中低处的植被都是人为种植而成的，融化的冰川是引来浇灌的水流。

❋喀喇昆仑山脉是一幅巨大的风景画，这里有每个人心中最想描绘的天然美景。

横断山脉

永/远/的/世/外/桃/源

> 当走进横断山脉，走进这个世外桃源，在那亘古不变的画面中，有我们要寻找的纯真、纯美……

心跳瞬间

INFORMATION

地理位置
中国青藏高原东南部

神秘指数
★★

大雪山、邛崃山脉、怒山、沙鲁里山、云岭、高黎贡山，可谓是山山有奇峰，座座大不同，而它们唯一的相同点就是同属横断山脉。

打开中国地图，青藏高原东南边缘，一片南北走向、东西并列、绵亘1000多千米的山脉跃入眼帘，这里便是雪山高耸、峡谷纵列、河流湍急、森林密布的横断山脉。横断山脉东起邛崃山，西抵伯舒拉岭，北达昌都、甘孜至马尔康一线，南抵中缅边境的山区，面积60余万平方千米。海拔4000～5000米，岭谷的高差一般在1000米以上。山高谷深，横断了东西交通，故名横断山脉。

横断山脉自东至西有邛崃山、大渡河、大雪山、雅砻江、沙鲁里山、金沙江、芒康山（宁静山）、澜沧江、怒山、怒江和高黎贡山等。地势北高南低，北部山岭多雪峰冰川，吸引无数人前往云南丽江不得不看的玉龙雪山就位列其中，其海拔5596米，为中国纬度最南的现代冰川分布区。而大雪山主峰贡嘎山海拔7556米，为横断山脉最高峰。而金沙江、澜沧江和怒江，相距最近处直线距离仅66千米和18.6千米，这就是大大有名的三江并流。三江江面狭窄，两岸陡峻，尤其是金沙江石鼓附近的虎跳峡，更是世界著名峡谷之一，无数中外游客不惜背包前往，去一览它的惊险与美丽。

横断山的美是多种多样的。雪山、冰川

ADVEBNTURE PARADISE

给人以刺激，吸引了无数人的目光，但是雪山一般人难以登上，冰川就要相对容易一些，因为这里的冰川大都是低海拔现代海洋型冰川，海拔低、不缺氧、不寒冷，易于攀登。最著名的当数梅里雪山的永明恰冰川，还有贡嘎山的海螺沟冰川。除了雪山冰川，在横断山脉的崇山峻岭中，还有一条充满传奇色彩的古道——茶马古道，千百年来无数的马帮用自己的脚步乃至生命，开拓了穿越西藏、通往西域国家的"茶马古道"。这条古道，风光绮丽，有神山圣水、地热温泉，野花遍地的牧场、炊烟袅袅的帐篷，还有古老的本教仪轨、藏传佛教寺庙塔林、年代久远的摩崖石刻、古色古香的巨型壁画，以及色彩斑斓的风土民情。

当走进横断山脉，走进这个世外桃源，在那亘古不变的画面中，有我们要寻找的纯真、纯美……

❀横断山脉山间盆地、湖泊众多，古老的山脉散发着古朴的气息。

犹他州荒原 *Utah Wilderness*

血/色/西/部

　　看多了美国西部片，总为片中辽阔、寂寥的野外风情而怦动，身骑骏马的牛仔驰骋奔腾，拨弄着左轮手枪，一副潇洒、豪爽的派头令人艳羡。而任由他们驰骋的天地正是美国西部的犹他州荒原。

　　犹他州荒原是由落基山脉、科罗拉多高原和大盐湖沙漠等三部分构成的，一群荒凉、萧索的山地、大片的不毛之地配上各种形状的红色岩石山丘——犹他州荒原留给人的第一印象。这里到处都是被风和水侵蚀的地形，状似蜂窝，地表被水流切割得千沟万壑，特殊的地形地貌是探险家们乐此不疲、流连忘返的最主要原因。

山脉、高原和沙漠，均没有大面积的植物生长覆盖，最惹人注目的是裸露在地表的红色岩石。不论是艳阳高照，还是黄昏日暮，这些岩石在阳光的照射下折射出的光线总是柔和而温暖的。由于这里不是地震的频发地带，很多地形保持了几千年前的原状原貌，都暴露在亿万年后的今天，默默地诉说着历史的传奇，道尽了地表的形成过程。从而为地质学家们研究地壳活动和地球历史提供了绝佳的场所。

　　绵延起伏的落基山在犹他州挺立起了两座山脉的脊梁，它们在荒原上蔓延伸展、驰骋纵横，远远地看去峰峦迭起，煞是壮观；科罗拉多高原附近，建有许多座国家公园——阿切斯国家公园、布莱斯峡谷国家公园、科扬伦地国家公园、卡皮特尔砂岩国家公园、宰恩国家公园等等。它们都皆非一般意义上的普通公园，公园规划依地势而行，保护着最原始的地形地貌，随处可见陡峭的群山和俊俏的河流，丝毫没有人工斧凿的痕迹，浑然天成，自成一体，很有大峡谷的气势和风范。

　　犹他州数不尽的怪石嶙峋，也带给人们无数遐想的空间。

INFORMATION

🏔 地理位置
美国

🗺 神秘指数
★★★

在布莱斯峡谷，有一大片形态奇异的岩石群，当地人百思不解其来源，后固执地认为这本是一个在久远的年代里生活的部落，由于得罪了神，整个部落受到了诅咒而全体幻化为石柱。每一个石柱，虽然没有丝毫鲜活的气息，却都曾经对应着一个生命。因此，这些岩柱被当地人称作"巫毒"的化身。

❀裸露的岩石和枯干的树枝，仿佛一个个失去皈依的灵魂伫立在深幽的峡谷中。

峡谷的风貌是气象万千的，有阴森的怪石林，也有明朗的观景点。高低不平的丘陵如流星点缀，狭窄细长的红色峡谷似红丝带缠绕着科罗拉多高原，夕阳西下时，光线变得柔和厚重起来，座座红色山峰变成一个个光彩四溢的石头宫殿。这里，到处是奇异的山石和沙丘，间或出现漂亮的雪山。峡谷里，无数上端红色、下端金黄色的石林映入眼帘。石林、森林、残雪和初升的太阳配合默契，中间还夹杂着一条条蜿蜒曲折的溪流，绝美的山水风景画跃然纸上。

看多了山川美景，当你来到大盐湖沙漠地带时，眼中看到的必如心中所想。这里没有芳草绿树，只有贫瘠而荒凉的土地。和犹他州其他地区一样，到处布满了赤红色的山石，举目望去，似一片红色的海洋，在蓝天的掩映下，倒也色彩分明。而这里的地貌和人类勘测的火星有诸多相似之处，一批年轻科学家们在此地首建了世界上第一个模仿火星生活环境的基地——犹他州火星沙漠研究站，听上去似乎颇有些神秘的意味，火星——沙漠，奇妙的巧合，也许有一天，人类可以通过沙漠这个中介寻找到在火星定居的方式，逃离人口、资源、环境日益紧张恶化的地球。到那时，大盐湖沙漠将成为人类史上的拯救者而名垂史册。信步走在阳光和煦、温暖、干燥的犹他州荒原上，悠闲地哼着小曲，看喷薄欲出的旭日初升，看红霞满天的壮丽景象，看野外荒原地平线上的大漠落日，这些未曾有过的奇特体验，令人心醉。

可可西里

远/古/的/气/息

> 抱着敬畏、崇敬的心情走进可可西里，吸引人的不仅仅是自然纯朴、不加雕饰的野外风光和难得一见的珍稀野生动物，似乎还有一股远古遗留下来的神秘气息迎面扑来，涤荡着人的心灵，令人久久不能忘怀。

心跳瞬间

可可西里气候变幻莫测，生存条件恶劣，被称为"人类生命的禁区"，拥有大片人类未曾涉足的原始地带，是世界第三大、中国最大的一片无人区，却是野生动物自由的天堂。如今，这个天堂也变了颜色，经常弥漫着血腥的气味。近几年来，它的备受瞩目是因为那精灵般的动物——藏羚羊。

可可西里的平均海拔高度在5000米以上，年平均气温在－4℃以下，最冷温度可达－40℃以下。而且空气稀薄，气压偏低，氧气稀薄，只有低海拔地区的一半，烧开水的沸点只有80℃左右。生存的威胁总是环伺左右，令每一个到达这里的人不得不做好各种最坏的心理准备。

可可西里经常会伴随大风降温的恶劣天气，决定了这里的植被分布与形态大部分以高寒草原为主，其地理景观依次呈"高寒草甸—高寒草原—高寒荒漠草原"的过渡状态。

在可可西里，如果你看到一群秃鹫在撕咬尸体，千万不要去打扰它们，那是被当地人认为神圣而高贵的葬礼仪式，经过天葬的人的魂灵能得到净化，并最终到达天堂。

抱着敬畏、崇敬的心情走进可可西里，吸引人的不仅仅是自然纯朴、不加雕饰的野外风光和难得一见的珍稀野生动物，似乎还有一股远古遗留下来的神秘气息迎面扑来，涤荡着人的心灵，令人久久不能忘怀。

INFORMATION

🏔 地理位置
中国青海

📷 神秘指数
★★★

✦ 可可西里的美是一种来自远古气息的深远之美。

鲁文佐里山脉

月/亮/山/的/秘/密

> 这座孕育了尼罗河文明的古老山脉如月亮般的蒙蒙之美吸引了众多奇异生灵在此栖息，更有千奇百怪的植物在此摇曳多姿。

心跳瞬间

想看如月亮般美丽的山峰吗？那就来鲁文佐里山脉吧！鲁文佐里山脉距离炎炎赤道仅48千米，却终年雪冠加顶，缥缈的云雾下藏尽了天下美景。这座孕育了尼罗河文明的古老山脉如月亮般的蒙蒙之美吸引了众多奇异生灵在此栖息，更有千奇百怪的植物摇曳多姿。

鲁文佐里山脉维系着一个个多样的生态环境。无法确定是不是因为在"月亮"之上，鲁文佐里山脉每样东西都比正常尺寸至少大一倍。半边莲在这里可长到9米之高，两米高的花穗就像一座小山一般，掉落的叶子都可用来舞剑。叶子死而不落的千里光，庞大到能有两层楼高，叶脉层层叠叠缠绕着树干，原始而粗犷。1.8米的蓑衣草、15米的竹子在这里实在平常。除却植物，动物也异常强壮，小小的蚯蚓有一米长，远看仿若一条游动的小蛇。著名的非洲野猪肥硕的身体可重达160千克。

山地大猩猩，只生活在鲁文佐里山脉，人类掌控了地球，却对远古即存在的山地大猩猩所知甚少。这种谜一样的生物已不足400只。因为它们，鲁文佐里山脉更添神秘色彩。

想知道月亮的秘密吗？那就来鲁文佐里山脉吧。

✤神秘的月亮山始终流传着一些诡异的传说。当地的巴纳特人都相信山脉中隐匿着"鬼灵"。

绒布冰川

行/走/在/消/逝/中

> 美丽和危机并存的绒布冰川，正在全球变暖的趋势下缓慢地消融、瓦解，千年冰川的消逝也只在一瞬间。它们正行走在消逝中。

心跳瞬间

你有走过沼泽地的体验吗？步步留心、时时留意脚下的泥潭，一刻都不敢掉以轻心。而走在结冰的冰面上，不知道冰层的厚薄，听到那咯吱干脆的声响，更是不寒而栗。可是，你尝试过行走在冰川上吗？

在世界第一高峰珠穆朗玛的山脚下，平均海拔5300米之上的广阔地带，常年浮动着面积达80多平方千米的绒布冰川。冰川是在地球重力作用下，万年不化的冰雪沿着山谷缓缓移动而形成的。

广阔的冰川地带，冰雕玉砌，玲珑剔透，弥漫着圣洁、高贵的气息，冰塔林、冰蚀湖、冰斗、角峰、刀脊等天然冰造型形态各异，深入其中，仿佛走进了神仙洞府，不沾染一丝俗世气息。正如带刺的玫瑰花一样，冰川虽美丽，却暗藏杀机。

看上去厚厚的一层冰面，似乎走在上面也很安全。这时，你千万不要被它的外表迷惑，因为冰川中到处潜藏着人们不易察觉的危险，也许是或明或暗的浮冰裂缝，也许是突然而至的雪崩，走在这个海拔高度的人们自然已经气喘吁吁，何况还要时刻留意脚下滑溜溜的地面。心里更是承受着巨大的压力，只因为那一刹那的沉落，稍不注意就会和冰川一起成为千百年后的考古发现。

美丽和危机并存的绒布冰川，正在全球变暖的趋势下缓慢地消融、瓦解，千年冰川的消逝也只在一瞬间。它们正行走在消逝中。

形态各异、美不胜收的冰塔林是这里最妩媚的风光，但同时又暗藏杀机，带给人们意想不到的危险。

INFORMATION

地理位置
珠穆朗玛峰山脚下

神秘指数
★★★

用你的眼，或者心，阅读最美的地球

地球100神秘地带

选题策划：日知图书

策划编辑：高霁月

责任编辑：孙志文

特约编辑：杨　陆

特约审校：刘仁军

美术编辑：罗小玲　张鹤飞　于蕾

封面设计：夏　鹏

版式设计：孙阳阳　阮剑锋

文稿撰写：邢　晔

图片提供：华盖创意图像技术有限公司
　　　　　北京全景视觉图片有限公司
　　　　　达志影像
　　　　　IMAGINECHINA

出发，让脚步追上理想